高职高专特色实训教材

# 电机控制及维修实训教程

李瑞福　主编
牛永鑫　主审

化学工业出版社
·北京·

本书是按照高等职业教育培养高素质技能型专门人才的目标要求，依据国家职业标准和职业技能鉴定规范，参照高职高专电类专业相关课程的课程标准编写的。

全书共分三部分。

第一部分为实训须知，主要介绍实训室的基本情况、实训室守则和考核方式等。

第二部分为实训项目，主要包括：点动控制、单向长动控制、两地控制、顺序启动同时停止控制、顺序启动逆序停止控制、具有电气互锁的正反转控制、具有双重互锁的正反转控制、具有限位保护的正反转控制、具有限位保护的自动往复循环控制、手动切换的Y-△降压启动控制、自动切换的Y-△降压启动控制、双速电动机控制、反接制动控制、单管能耗制动控制的原理图绘制、工作原理分析、原理图的节点标注、安装接线图绘制、实物接线、线路检测、故障分析等。

第三部分为电路故障检修与用电安全，主要包括：电气控制电路故障检查的常用方法、常用机床电气电路的故障检修以及安全用电。

本书结构合理、通俗易懂，既可作为高职高专院校电类专业的实训教材，也可作为电气工程技术人员的参考书。

**图书在版编目（CIP）数据**

电机控制及维修实训教程/李瑞福主编. —北京：化学工业出版社，2018.4

高职高专特色实训教材

ISBN 978-7-122-31683-7

Ⅰ.①电… Ⅱ.①李… Ⅲ.①电机-控制系统-高等职业教育-教材②电机维护-高等职业教育-教材 Ⅳ.①TP301.2②TM307

中国版本图书馆CIP数据核字（2018）第042982号

---

责任编辑：廉　静　　　　文字编辑：陈　喆

责任校对：王　静　　　　装帧设计：刘丽华

---

出版发行：化学工业出版社（北京市东城区青年湖南街13号　邮政编码100011）

印　　装：三河市延风印装有限公司

787mm×1092mm　1/16　印张7½　字数179千字　2018年6月北京第1版第1次印刷

---

购书咨询：010-64518888（传真：010-64519686）　售后服务：010-64518899

网　　址：http://www.cip.com.cn

凡购买本书，如有缺损质量问题，本社销售中心负责调换。

---

定　　价：29.00元

# 前言

本书是按照高等职业教育培养高素质技能型专门人才的目标要求，依据国家职业标准和职业技能鉴定规范，参照高职高专电类专业相关课程的课程标准编写的。本书在编写过程中注重突出如下特点。

① 以手机二维码为技术手段。学生可以通过手机扫描二维码浏览链接，解决了有些教学难点用文字描述难以说明的问题，实现了教材从平面向立体转化、从单一媒体向多媒体转化。

② 以学生为教学主体。实训项目以典型电气控制线路的装接为教学载体，各自独立，学生可自主选择实训项目，依据项目中的任务驱动完成实训操作。

③ 实训过程贯彻 6S 管理。

本书由辽宁石化职业技术学院李瑞福主编并统稿、张皓参编。其中全书的文字部分由李瑞福编写，全书的链接部分由张皓制作。

本书由辽宁石化职业技术学院牛永鑫主审，由穆德恒提供二维码方面的技术支持。在编写过程中，辽宁石化职业技术学院王秀丽、金亮、陈秀华、金沙、李忠明、宁越，锦州石化公司高级工程师陆德伟、苏博等相关技术人员提出了许多宝贵意见，在此表示衷心感谢！

由于编者水平有限，加之时间仓促，书中疏漏和不足之处在所难免，敬请读者批评指正。

编　者

**2017 年 12 月**

# 目录

# 第一部分

# 实训须知

## 一、电机控制实训室简介

电机控制实训室是学生进行电机控制线路装接实训的主要场所，配有工作台 40 个、常用电工工具 40 套、接触器等常用低压电器若干，如图 1-1 所示。

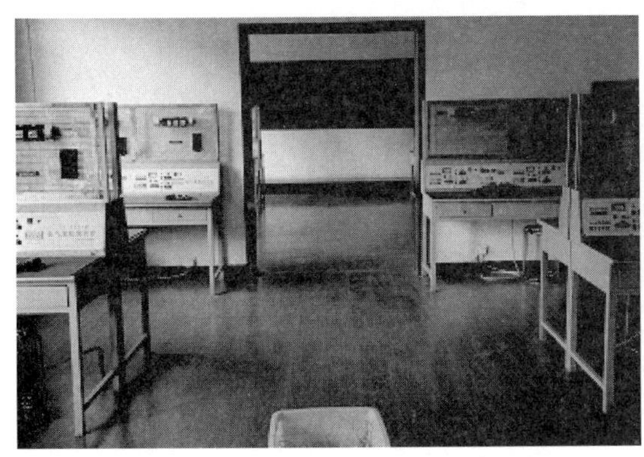

图 1-1　电机控制实训室

另有控制箱若干个，每个控制箱内部都有为完成不同的控制任务而安装的控制设备，与生产实际零距离对接，能够实现：

① 点动控制线路的装接、检测及故障排除；

② 单向长动控制线路的装接、检测及故障排除；

③ 两地控制线路的装接、检测及故障排除；

④ 顺序启动同时停止线路的装接、检测及故障排除；

⑤ 顺序启动逆序停止线路的装接、检测及故障排除；

⑥ 具有电气互锁的正反转控制线路的装接、检测及故障排除；

⑦ 具有双重互锁的正反转控制线路的装接、检测及故障排除；

⑧ 具有限位保护的正反转控制线路的装接、检测及故障排除；

⑨ 具有限位保护的自动往复循环控制线路的装接、检测及故障排除；

⑩ 手动切换的星-角降压启动控制线路的装接、检测及故障排除；

⑪ 自动切换的星-角降压启动控制线路的装接、检测及故障排除；

⑫ 双速电动机控制线路的装接、检测及故障排除；

⑬ 反接制动控制线路的装接、检测及故障排除；

⑭ 单管能耗制动控制线路的装接、检测及故障排除。

**二、电机控制及维修实训室守则**

电机控制及维修实训室必须严格按照6S管理，即：整理、整顿、清扫、清洁、素养、安全。

① 实训前，必须做好预习报告，明确实训目的，熟悉实训原理和实训步骤。

② 实训操作开始前，首先应检查工具、器材的完好性，待教师检查合格后，方能开始实训操作。

③ 实训操作中，要仔细观察现象，积极思考问题，严格遵守操作规程，实事求是地做好记录，并严格遵守安全守则与每个实训的安全注意事项，一旦发生意外事故，应立即报告指导教师，采取有效措施，迅速排除事故。

④ 实训室内应保持安静，不得谈笑、打闹和擅自离开岗位，不得将书报、体育用品等与实训无关的物品带入实训室，严禁在实训室吸烟、饮食。

⑤ 服从指导，有事要先请假，不经教师同意，不得离开实训室。

⑥ 要始终做到台面、地面、控制箱、仪器的“四净”，导线的绝缘皮、短段导线等废弃物应放入垃圾桶中，不得扔在地上。实训完毕后，应及时将实训工具、实训器材整理好，并放回指定位置。

⑦ 要爱护公物，节约材料，养成良好的实训习惯。要节约使用水、电、导线等消耗性物品。

⑧ 学生轮流值日，打扫、整理实训室。值日生应负责打扫卫生，整理公共器材，倒净垃圾桶并检查水、电、门窗是否关闭。

⑨ 实训完毕，应及时整理实训记录，写出完整的实训报告，按时交教师审阅。

⑩ 师生均需穿工作服。

**三、电机控制及维修实训考核**

电机控制及维修实训是培养学生装接、检修电机控制装置综合技能的一门课程，采用过程考核的方式对学生实训效果进行全程跟踪考核。

本课程按实训项目进行跟踪考核，实训最终成绩按各个实训项目成绩的代数和计算，每个实训项目的操作时间均为100min，评分要素及评分标准见表2-1～表2-14。

# 实训项目

## 第一节　点动控制线路的装接

**【任务描述】**

某生产设备由一台三相笼型异步电动机拖动。根据生产设备的具体工作情况，要求该电动机应能实现单向点动运行，并能远距离频繁操作。

试完成该电动机控制线路的正确装接。

**【控制方案】**

根据本任务的任务描述和控制要求，宜选择接触器控制的点动控制方式。

**【实训目的】**

(1) 能根据控制要求绘制点动控制原理图。

(2) 能掌握点动控制工作原理。

(3) 能完成点动控制原理图的节点标注。

(4) 能根据标注的原理图绘制出安装接线图。

(5) 能根据安装接线图独立完成接线。

(6) 能根据原理图检测控制电路接线是否正确，分析出现故障的原因及可能。

(7) 能根据安装接线图确定故障的位置，并进行维修。

**【任务实施】**

### 一、工具及器材

(1) 工具：万用表以及螺钉旋具（一字、十字）、剥线钳、尖嘴钳、钢丝钳等常用接线工具。

**【链接 1】** 万用表的校零

【链接 2】 剥线钳的使用

（2）器材：动力电源、带漏电保护低压断路器 1 个、熔断器 5 个、接触器 1 个、单联按钮 1 个、电动机 1 台、导线若干。

【链接 3】 低压断路器

【链接 4】 熔断器的检测

【链接 5】 接触器的检测

【链接 6】 按钮

【链接 7】 三相异步电动机

## 二、实施步骤

（1）绘制原理图、标注节点号码，如图 2-1 所示。

（2）熟悉电路中各设备的作用。

（3）分析工作原理。

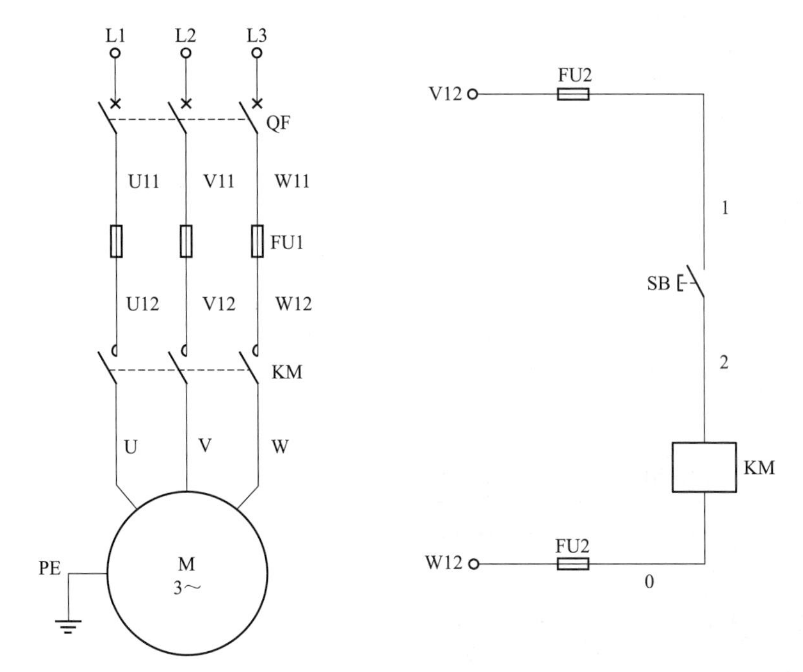


图 2-1 点动控制原理图

① 工作原理

a. 启动：合上电源开关 QF，按下启动按钮 SB→接触器 KM 线圈通电→KM 主触点闭合→电动机 M 通电启动；

b. 停止：松开启动按钮 SB→接触器 KM 线圈断电→KM 主触点断开→电动机 M 断电。

这种按下启动按钮电动机启动、松开启动按钮电动机停止的控制，称为点动控制。

② 实现保护 短路保护——由熔断器 FU1、FU2 实现；由于点动控制的电动机工作时间较短，热继电器来不及反映其过载电流，因此没有必要设置过载保护。

（4）绘制安装接线图，如图 2-2 所示。

在电机控制配接线中，为接线美观、检修方便，凡控制箱内设备（包括断路器或刀开关、熔断器、接触器、继电器等控制电器）与控制箱外设备（如电动机、按钮、行程开关等）相连接时，都要通过一些专门的接线端子，这些接线端子组合起来，便称为“端子排”。

①连接主电路：外部三相交流电源→端子排的 L1、L2、L3 端→低压断路器 QF 的 L1、L2、L3 端，低压断路器 QF 的 U11、V11、W11 端→熔断器 FU1 的 U11、V11、W11 端，熔断器 FU1 的 U12、V12、W12 端→接触器 KM 主触点的一侧接线端子 U12、V12、W12，接触器 KM 主触点的另一侧接线端子 U、V、W→端子排的 U、V、W 端→电动机的 U、V、W 端。

②连接控制电路：主熔断器 FU1 的 V12 端（或接触器 KM 主触点的 V12 端）→控制回路熔断器 FU2 的 V12 端，熔断器 FU2 的 1 端→端子排的 1 端→按钮 SB 常开触点的 1 端，按钮 SB 常开触点的 2 端→端子排的 2 端→接触器 KM 线圈的 2 端，接触器 KM 线圈的 0 端→熔断器 FU2 的 0 端，熔断器 FU2 的 W12 端→熔断器 FU1 的 W12 端（或接触器 KM 主触点的 W12 端）。

（5）检查器件。

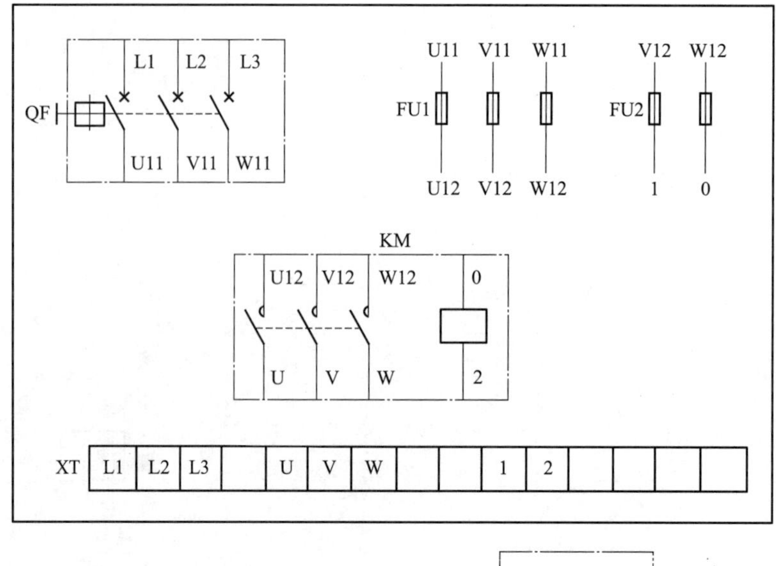


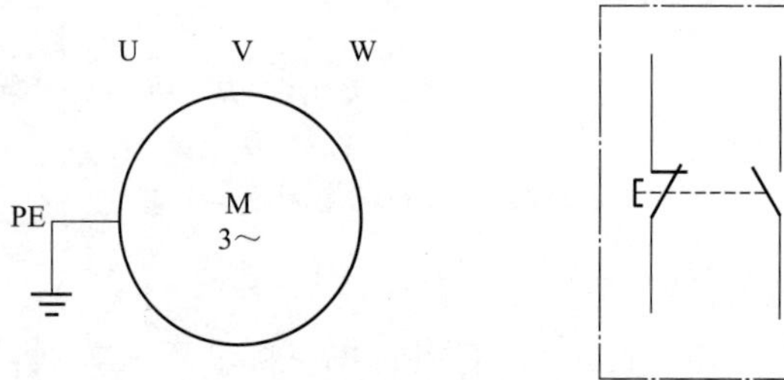


图 2-2 点动控制安装接线图

① 用万用表或目视检查元件数量、质量；

② 测量接触器线圈阻抗并记录，为检测控制电路接线是否正确做准备。

(6) 固定控制设备并完成接线。根据元件布置图固定控制设备、根据安装接线图完成接线。

① 注意事项

a. 接线前断开电源。

b. 初学者应按主电路、控制电路的先后顺序，由上至下、由左至右依次连接。

c. 端子排至电动机的线路暂不连接。

d. 为了使导线长度尽可能短、导线数量尽可能少、导线连接尽可能美观方便，除了电源开关 QF 的进线端、出线端不可互换外，其他电器，如熔断器 FU1 和 FU2 的进出端、接触器 KM 主（辅）触点的进出端、接触器 KM 线圈的进出端、按钮 SB 的进出端等均可互换，只是在接线过程中必须记住哪个端子被指定为进线端，哪个端子被指定为出线端。

② 工艺要求

a. 布线通道尽可能少、导线长度尽可能短、导线数量尽可能少。

b. 同路并行导线按主电路、控制电路分类集中，单层密排，紧贴安装面布线。

c. 同一平面的导线应高低一致或前后一致，走线合理，不能交叉或架空。

d. 对螺栓式接点，导线按顺时针方向弯圈；对压片式接点，导线可直接插入压紧；不能压绝缘层、也不能露铜过长。

e. 布线应横平竖直，分布均匀，变换走向时应垂直。

f. 严禁损坏导线绝缘和线芯。

g. 一个接线端子上的连接导线不宜多于两根。

h. 进出线应合理汇集在端子排上。

（7）检查测量。

① 电源电压　用万用表测量电源电压是否正常。

② 主电路　断开电源进线开关 QF，用手按下接触器衔铁代替接触器通电吸合，检查测量主电路连接是否正确，是否有短路、开路点。

③ 控制电路　用万用表检测控制电路时，必须选用能准确显示线圈阻值的电阻挡并校零，以防止误判。

a. 保持电源进线开关 QF 处于断开状态，万用表表笔搭接在控制电路电源的两端（1、0 端），读数应为∞；

b. 按下启动按钮 SB，万用表读数应为已测出的线圈阻值；

c. 松开启动按钮 SB，万用表读数应为∞。

（8）通电试车。

① 检查确定无误以后准备通电，提醒同组人员注意安全。

② 无载试车。

a. 合上电源进线开关 QF，按下启动按钮 SB，接触器 KM 应吸合；

b. 松开启动按钮 SB，接触器 KM 应释放。

③ 有载试车。断开电源进线开关 QF，连接电动机。

a. 合上电源进线开关 QF，按下启动按钮 SB，电动机 M 应通电旋转；

b. 松开启动按钮 SB，电动机 M 应断电惯性停止。

若电动机旋转方向与工艺需求相反，可改变三相电源中任意两相电源的相序。

**【链接 8】** 点动控制

## 【学习评价】

填写“点动控制安装接线评价表”（见表 2-1），操作时间：100min。

**表 2-1　点动控制安装接线评价表**

| 项目 | 配分 | 评分要素 | 评分标准 | 得分 | 备注 |
|---|---|---|---|---|---|
| 准备 | 5 | 准备万用表、接线工具 | 每少准备一件－1 分(扣满为止,下同) | | |
| 绘图识图 | 10 | ①能绘制原理图并标注节点<br>②能说明工作原理、保护<br>③能绘制元件布置图、安装接线图 | ①不能绘制原理图并完成节点标注－5 分<br>②不能说明工作原理、保护－5 分<br>③不能绘制元件布置图、安装接线图－5 分 | | |
| 选择器材 | 10 | ①能合理选择所需器件<br>②能合理选择导线 | ①不能合理选择器件,每件－2 分<br>②不能合理选择导线－2 分 | | |

续表

| 项目 | 配分 | 评分要素 | 评分标准 | 得分 | 备注 |
|---|---|---|---|---|---|
| 查测元件 | 5 | ①检查元件数量、质量<br>②测量线圈阻抗 | ①未检查元件数量、质量,每件－2分<br>②未测量线圈阻抗－2分 | | |
| 安装接线工艺要求 | 30 | ①按图接线<br>②布线符合要求<br>③采用板前配线<br>④接点牢固<br>⑤导线弯角成90°<br>⑥不损伤导线、元件<br>⑦各方向上要互相垂直或平行、导线排列平整、美观 | ①不按图接线－5分<br>②主电路、控制电路布线错误－5分<br>③未采用板前配线－5分<br>④接点松动、露铜过长(从外沿计算,大于1mm)、压绝缘层、反圈,每处－1分<br>⑤布线弯角不接近90°,每处－1分<br>⑥损伤导线绝缘或线芯、损坏元件每处(件)－1分<br>⑦布线有明显交叉,每处－1分,整体布线较乱－5分 | | |
| 检查测量 | 10 | ①检查电源是否正常<br>②检查主电路、控制电路连接是否正确 | ①上电前未检查电源电压是否符合要求－5分,未检查熔断器－3分,未采用防护措施－5分<br>②未检查主、控制电路连接是否正确－5分 | | |
| 通电试车 | 30 | 能实现任务要求的控制 | 不能正常运行－30分 | | |
| 安全文明生产 | | ①能遵守国家或企业、实训室有关安全规定<br>②能在规定的时间内完成 | ①每违反一项规定,从总分中－5分,严重违规者停止操作<br>②每超时1min－5分(提前完成不加分;超时3min停止操作) | | |
| 合计 | 100 | | | | |

## 【问题讨论】

(1) 点动控制为何不设置作为过载保护的热继电器?

(2) 在检查测量过程中，若万用表表笔搭接在控制电路的两端（1、0端），读数为已测出的线圈阻值，试说明可能的原因。

(3) 在检查测量过程中，万用表表笔搭接在控制电路的两端（1、0端），若按下启动按钮SB，读数为0，试说明可能的原因。

(4) 在检查测量过程中，万用表表笔搭接在控制电路的两端（1、0端），若按下启动按钮SB，读数仍为∞，试说明可能的原因。

(5) 如何改变三相异步电动机的旋转方向?

(6) 本例中低压断路器QF的进线端（L1、L2、L3）与出线端（U11、V11、W11）能否互换？为什么?

(7) 本例中熔断器FU1的一侧接线端子（U11、V11、W11）与另一侧接线端子（U12、V12、W12）能否互换？为什么?

(8) 本例中接触器KM主触点的一侧接线端子（U12、V12、W12）与另一侧接线端子（U、V、W）能否互换？为什么?

(9) 本例中熔断器FU2的V12、W12端与1、0端能否互换？为什么?

(10) 本例中接触器KM线圈的2端与0端能否互换？为什么?

(11) 本例中按钮SB的1端与2端能否互换？为什么?

# 第二节　单向长动控制线路的装接

**【任务描述】**

某生产设备由一台三相笼型异步电动机拖动。根据生产设备的具体工作情况，要求该电动机应能实现单向直接启动、连续运行，具有短路保护、过载保护、欠（失）压保护功能，并能远距离频繁操作。

试完成该电动机控制线路的正确装接。

**【控制方案】**

根据本任务的任务描述和控制要求，宜选择接触器控制的长动控制方式。

**【实训目的】**

(1) 能根据控制要求绘制长动控制原理图。

(2) 能掌握长动控制工作原理。

(3) 能完成长动控制原理图的节点标注。

(4) 能根据标注的原理图绘制出安装接线图。

(5) 能根据安装接线图独立完成接线。

(6) 能根据原理图检测控制电路接线是否正确，分析出现故障的原因及可能。

(7) 能根据安装接线图确定故障的位置，并进行维修。

**【任务实施】**

**一、工具及器材**

(1) 工具：万用表以及螺钉旋具（一字、十字）、剥线钳、尖嘴钳、钢丝钳等常用接线工具；

(2) 器材：动力电源、带漏电保护低压断路器 1 个、熔断器 5 个、接触器 1 个、热继电器 1 个、双联按钮 1 个、电动机 1 台、导线若干。

**【链接 9】** 热继电器的检测

**二、实施步骤**

(1) 绘制原理图、标注节点号码，如图 2-3 所示。

(2) 熟悉电路中各设备的作用。

(3) 分析工作原理。

① 工作原理

a. 启动　合上电源开关 QF，按下启动按钮 SB2→接触器 KM 线圈通电→KM 所有触点全部动作：

KM 主触点闭合→电动机 M 通电启动；

KM（3-4）常开辅助触点闭合→保持 KM 线圈通电→松开 SB2。

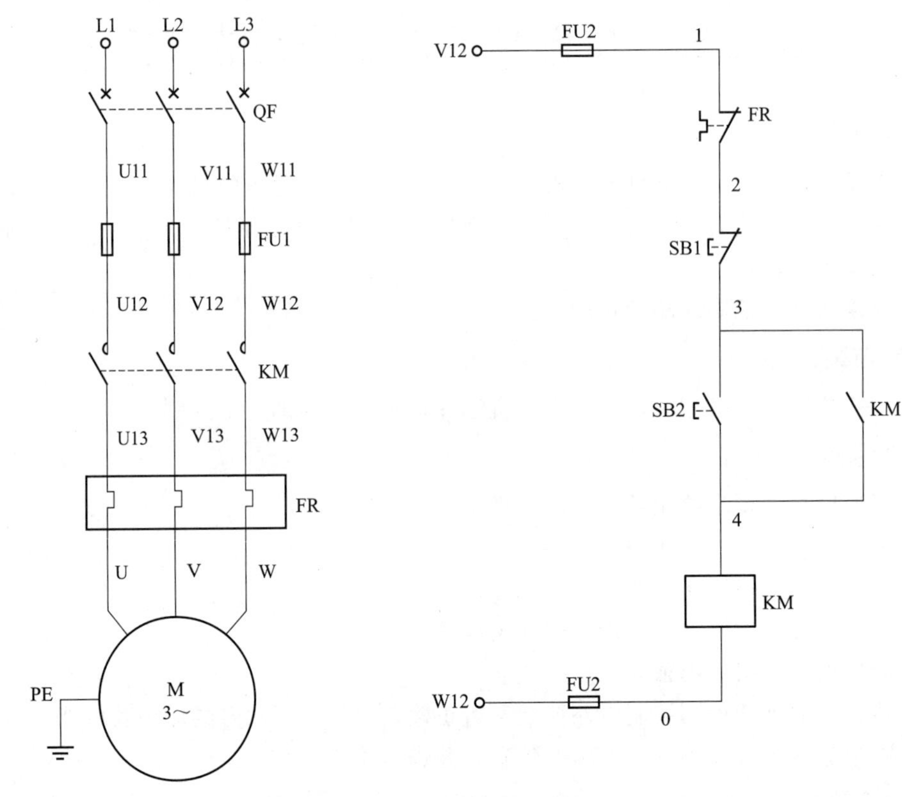


图 2-3 长动控制原理图

显然，松开 SB2 前，KM 线圈由两条线路供电：一条线路经由已经闭合的 SB2；另一条线路经由已经闭合的 KM（3-4）常开辅助触点。这样，当松开 SB2 后，KM 线圈仍可通过其已经闭合的常开辅助触点继续通电，其主触点仍然闭合，电动机仍然通电。

b. 停止　按下停止按钮 SB1→KM 线圈断电→KM 所有触点全部复位：

KM 主触点断开→电动机 M 断电；

KM（3-4）常开辅助触点断开→断开了 KM 线圈通电路径。

显然，松开 SB1 后，虽然 SB1 在复位弹簧的作用下恢复闭合状态，但此时 KM 线圈通电回路已断开，只有再次按下 SB2，电动机才能重新通电启动。

这种按下再松开启动按钮后电动机能长期连续运转、按下停止按钮后电动机才停止的控制，称为长动控制；这种依靠接触器自身辅助触点保持其线圈通电的现象，称为自锁或自保持；这个起自锁作用的辅助触点，称为自锁触点。

② 实现保护

a. 短路保护　主电路和控制电路的短路保护分别由熔断器 FU1、FU2 实现。

b. 过载保护　由热继电器 FR 实现。当电动机出现过载时，主电路中的 FR 双金属片因过热变形，致使控制电路中的 FR 常闭触点断开，切断 KM 线圈通电回路，电动机停转。

c. 欠（失）压保护　由接触器 KM 实现。当电源电压由于某种原因降低或失去时，接触器电磁吸力急剧下降或消失，衔铁释放，KM 的触点复位，电动机停转。而当电源电压恢复正常时，只有再次按下启动按钮 SB2 电动机才会启动，防止了断电后突然来电使电动机自行启动，造成人身或设备安全事故的发生。

（4）绘制安装接线图，如图 2-4 所示。

① 连接主电路：外部三相交流电源→端子排的 L1、L2、L3 端→低压断路器 QF 的 L1、L2、L3 端，低压断路器 QF 的 U11、V11、W11 端→熔断器 FU1 的 U11、V11、W11 端，熔断器 FU1 的 U12、V12、W12 端→接触器 KM 主触点的一侧接线端子 U12、V12、W12，接触器 KM 主触点的另一侧接线端子 U13、V13、W13→热继电器 FR 热元件的一侧接线端子 U13、V13、W13，热继电器 FR 热元件的另一侧接线端子 U、V、W→端子排的 U、V、W 端→电动机的 U、V、W 端。

② 连接控制电路：主熔断器 FU1 的 V12 端（或接触器 KM 主触点的 V12 端）→控制回路熔断器 FU2 的 V12 端，熔断器 FU2 的 1 端→热继电器 FR 常闭触点的 1 端，热继电器 FR 常闭触点的 2 端→端子排的 2 端→按钮 SB1 常闭触点的 2 端，按钮 SB1 常闭触点的 3 端→按钮 SB2 常开触点的 3 端，按钮 SB2 常开触点的 4 端→端子排的 4 端→接触器 KM 线圈的 4 端，接触器 KM 线圈的 0 端→熔断器 FU2 的 0 端，熔断器 FU2 的 W12 端→主熔断器 FU1 的 W12 端（或接触器 KM 主触点的 W12 端）。

按钮 SB1 常闭触点的 3 端（或按钮 SB2 常开触点的 3 端）→端子排的 3 端→接触器 KM 常开辅助触点的 3 端，接触器 KM 常开辅助触点的 4 端→接触器 KM 线圈的 4 端。

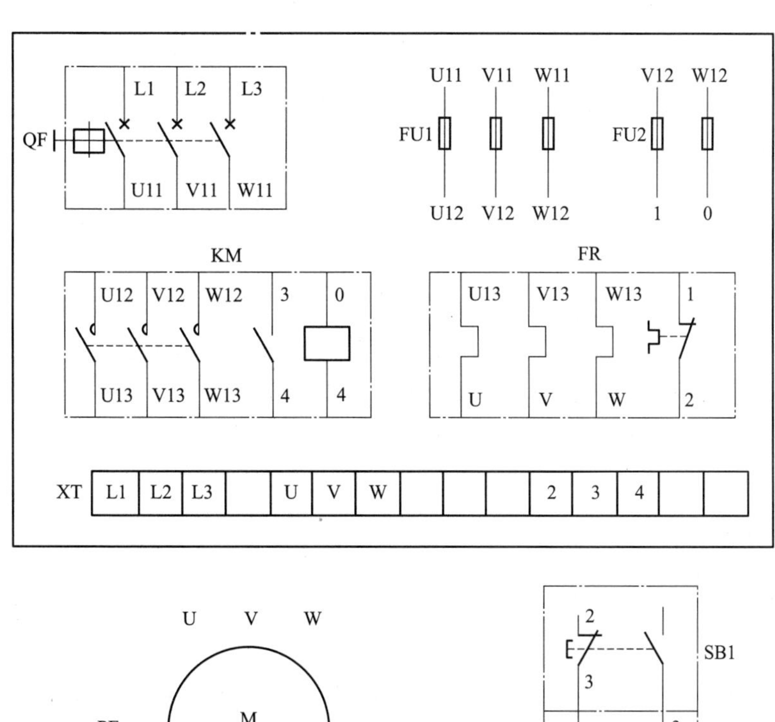


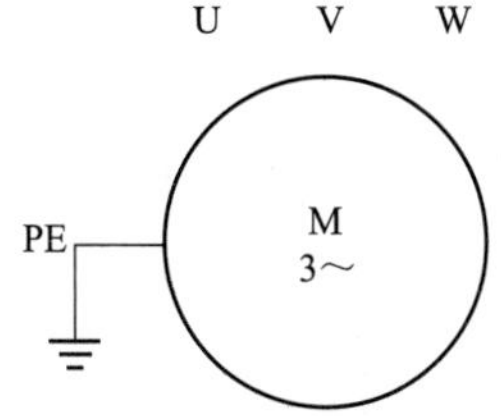


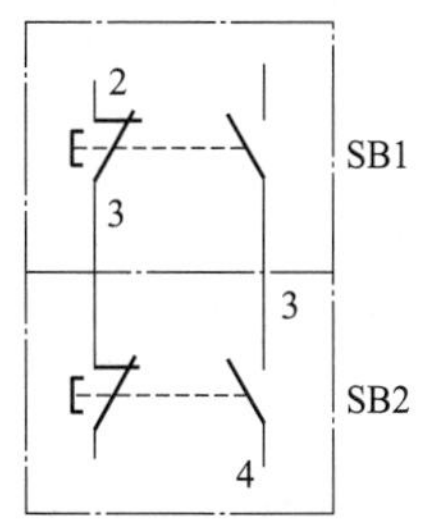


图 2-4 长动控制安装接线图

（5）检查器件。

① 用万用表或目视检查元件数量、质量；

② 测量接触器线圈阻抗并记录，为检测控制电路接线是否正确做准备。

(6) 固定控制设备并完成接线。根据元件布置图固定控制设备、根据安装接线图完成接线。

① 注意事项

a. 接线前断开电源。

b. 初学者应按主电路、控制电路的先后顺序，由上至下、由左至右依次连接。

c. 端子排至电动机的线路暂不连接。

d. 为了使导线长度尽可能短、导线数量尽可能少、导线连接尽可能美观方便，除了电源开关QF的进线端、出线端不可互换外，其他电器，如熔断器的进出端、接触器主（辅）触点的进出端、接触器线圈的进出端、热继电器热元件的进出端、热继电器常闭触点的进出端、按钮的进出端等均可互换，只是在接线过程中必须记住哪个端子被指定为进线端，哪个端子被指定为出线端。

② 工艺要求

a. 布线通道尽可能少、导线长度尽可能短、导线数量尽可能少。

b. 同路并行导线按主电路、控制电路分类集中，单层密排，紧贴安装面布线。

c. 同一平面的导线应高低一致或前后一致，走线合理，不能交叉或架空。

d. 对螺栓式接点，导线按顺时针方向弯圈；对压片式接点，导线可直接插入压紧；不能压绝缘层、也不能露铜过长。

e. 布线应横平竖直，分布均匀，变换走向时应垂直。

f. 严禁损坏导线绝缘和线芯。

g. 一个接线端子上的连接导线不宜多于两根。

h. 进出线应合理汇集在端子排上。

(7) 检查测量。

① 电源电压　用万用表测量电源电压是否正常。

② 主电路　断开电源进线开关QF，用手按下接触器衔铁代替接触器通电吸合，检查测量主电路连接是否正确、是否有短路、开路点。

③ 控制电路　用万用表检测控制电路时，必须选用能准确显示线圈阻值的电阻挡并校零，以防止误判。

a. 保持电源进线开关QF处于断开状态，万用表表笔搭接在控制电路电源的两端（1、0端），读数应为∞；

b. 按下启动按钮SB2或者用导线短接接触器KM的自锁触点（3-4），读数均应为已测出的线圈阻值；

c. 在按下启动按钮SB2或者用导线短接接触器KM的自锁触点（3-4）的同时，按下停止按钮SB1或者断开热继电器FR的常闭触点，读数均应为∞。

(8) 通电试车。

① 检查确定无误以后准备通电，提醒同组人员注意安全。

② 无载试车。

a. 合上电源进线开关QF，按下启动按钮SB2，接触器KM应吸合；松开启动按钮SB2，接触器KM应保持吸合；

b. 按下停止按钮SB1，接触器KM应释放。

③ 有载试车。断开电源进线开关 QF，连接电动机。

a. 合上电源进线开关 QF，按下启动按钮 SB2，电动机 M 应通电旋转；松开启动按钮 SB2，电动机 M 应保持通电旋转；

b. 按下停止按钮 SB1，电动机 M 应断电惯性停止。

若电动机旋转方向与工艺需求相反，可改变三相电源中任意两相电源的相序。

**【链接 10】** 长动控制

## 【学习评价】

填写“单向长动控制安装接线评价表”（见表 2-2），操作时间：100min。

**表 2-2 单向长动控制安装接线评价表**

| 项目 | 配分 | 评分要素 | 评分标准 | 得分 | 备注 |
|---|---|---|---|---|---|
| 准备 | 5 | 准备万用表、接线工具 | 每少准备一件－1 分(扣满为止,下同) | | |
| 绘图识图 | 10 | ①能绘制原理图并标注节点<br>②能说明工作原理、保护<br>③能绘制元件布置图、安装接线图 | ①不能绘制原理图并完成节点标注－5 分<br>②不能说明工作原理、保护－5 分<br>③不能绘制元件布置图、安装接线图－5 分 | | |
| 选择器材 | 10 | ①能合理选择所需器件<br>②能合理选择导线 | ①不能合理选择器件,每件－2 分<br>②不能合理选择导线－2 分 | | |
| 查测元件 | 5 | ①检查元件数量、质量<br>②测量线圈阻抗 | ①未检查元件数量、质量,每件－2 分<br>②未测量线圈阻抗－2 分 | | |
| 安装接线工艺要求 | 30 | ①按图接线<br>②布线符合要求<br>③采用板前配线<br>④接点牢固<br>⑤导线弯角成 90°<br>⑥不损伤导线、元件<br>⑦各方向上要互相垂直或平行、导线排列平整、美观 | ①不按图接线－5 分<br>②主电路、控制电路布线错误－5 分<br>③未采用板前配线－5 分<br>④接点松动、露铜过长(从外沿计算,大于 1mm)、压绝缘层、反圈,每处－1 分<br>⑤布线弯角不接近 90°,每处－1 分<br>⑥损伤导线绝缘或线芯、损坏元件每处(件)－1 分<br>⑦布线有明显交叉,每处－1 分<br>整体布线较乱－5 分 | | |
| 检查测量 | 10 | ①检查电源是否正常<br>②检查主电路、控制电路连接是否正确 | ①上电前未检查电源电压是否符合要求－5 分,未检查熔断器－3 分,未采用防护措施－5 分<br>②未检查主、控制电路连接是否正确－5 分 | | |
| 通电试车 | 30 | 能实现任务要求的控制 | 不能正常运行－30 分 | | |
| 安全文明生产 | | ①能遵守国家或企业、实训室有关安全规定<br>②能在规定的时间内完成 | ①每违反一项规定,从总分中－5 分,严重违规者停止操作<br>②每超时 1min－5 分(提前完成不加分;超时 3min 停止操作) | | |
| 合计 | 100 | | | | |

【问题讨论】

（1）接通控制电路的电源接触器 KM 就频繁地吸合、释放，是什么原因？

（2）按下启动按钮 SB2 接触器 KM 就通电吸合、松开启动按钮 SB2 接触器 KM 就断电释放，是何原因？

（3）按下启动按钮 SB2 电动机可正常启动，但按下停止按钮 SB1 电动机却无法停止，是何原因？

# 第三节　两地控制线路的装接

【任务描述】

某生产设备由一台三相笼型异步电动机拖动。根据生产设备的具体工作情况，要求该电动机应能实现两地控制单向启动、连续运行，具有短路保护、过载保护、欠（失）压保护功能，并能远距离频繁操作。

试完成该电动机控制线路的正确装接。

【控制方案】

根据本任务的任务描述和控制要求，宜选择接触器控制的两地控制方式。

【实训目的】

（1）能根据控制要求绘制两地控制原理图。

（2）能掌握两地控制工作原理。

（3）能完成两地控制原理图的节点标注。

（4）能根据标注的原理图绘制出安装接线图。

（5）能根据安装接线图独立完成接线。

（6）能根据原理图检测控制电路接线是否正确，分析出现故障的原因及可能。

（7）能根据安装接线图确定故障的位置，并进行维修。

【任务实施】

**一、工具及器材**

（1）工具：万用表以及螺钉旋具（一字、十字）、剥线钳、尖嘴钳、钢丝钳等常用接线工具；

（2）器材：动力电源、带漏电保护低压断路器 1 个、熔断器 5 个、接触器 1 个、热继电器 1 个、两联按钮 2 个、电动机 1 台、导线若干。

**二、实施步骤**

（1）绘制原理图、标注节点号码，如图 2-5 所示。

（2）熟悉电路中各设备的作用。

（3）分析工作原理。

① 工作原理　设 SB1、SB2 为“甲地”的停止、启动按钮，SB3、SB4 为“乙地”的停止、启动按钮。

a. 启动　合上电源开关 QF，按下启动按钮 SB2（或 SB4）→接触器 KM 线圈通电→KM 所有触点全部动作：

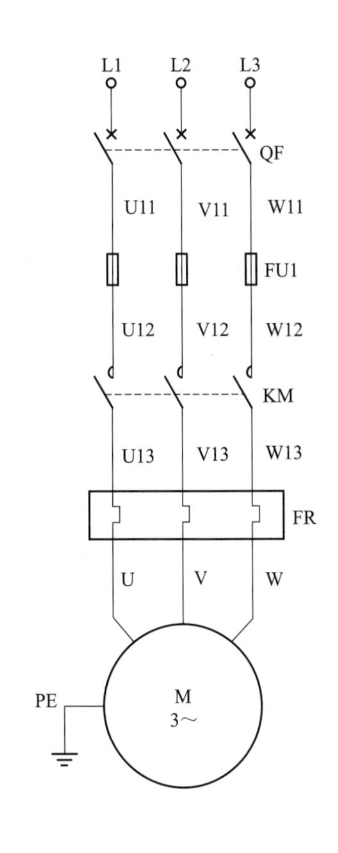


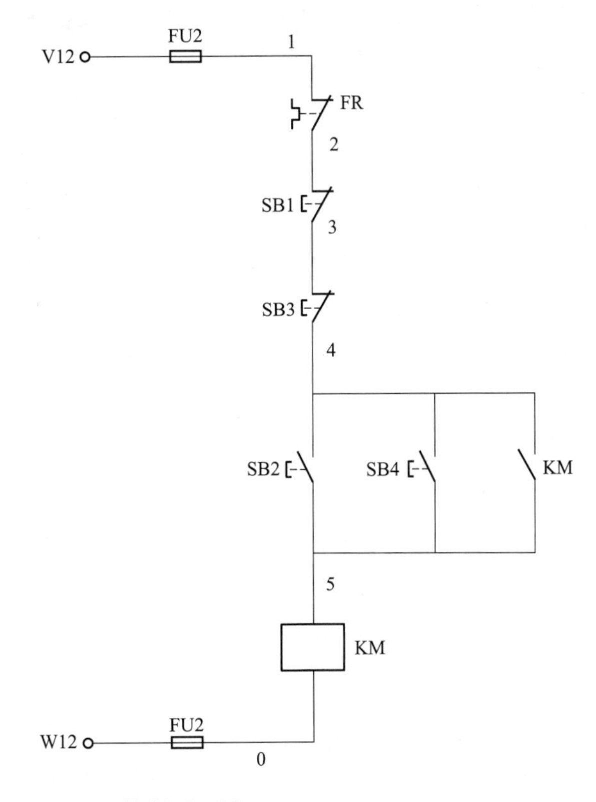


图 2-5 两地控制原理图

KM 主触点闭合→电动机 M 通电启动；

KM（4-5）常开辅助触点闭合→自锁。

b. 停止 按下停止按钮 SB1（或 SB3）→KM 线圈断电→KM 所有触点全部复位：

KM 主触点断开→电动机 M 断电；

KM（4-5）常开辅助触点断开→解除自锁。

② 实现保护

a. 短路保护 由熔断器 FU1、FU2 实现。

b. 过载保护 由热继电器 FR 实现。

c. 欠（失）压保护 由接触器 KM 实现。

（4）绘制安装接线图，如图 2-6 所示。

① 连接主电路：外部三相交流电源→端子排的 L1、L2、L3 端→低压断路器 QF 的 L1、L2、L3 端，低压断路器 QF 的 U11、V11、W11 端→熔断器 FU1 的 U11、V11、W11 端，熔断器 FU1 的 U12、V12、W12 端→接触器 KM 主触点的一侧接线端子 U12、V12、W12，接触器 KM 主触点的另一侧接线端子 U13、V13、W13→热继电器 FR 热元件的一侧接线端子 U13、V13、W13，热继电器 FR 热元件的另一侧接线端子 U、V、W→端子排的 U、V、W 端→电动机的 U、V、W 端。

② 连接控制电路：主熔断器 FU1 的 V12 端（或接触器 KM 主触点的 V12 端）→控制回路熔断器 FU2 的 V12 端，熔断器 FU2 的 1 端→热继电器 FR 常闭触点的 1 端，热继电器 FR 常闭触点的 2 端→端子排的 2 端→按钮 SB1 常闭触点的 2 端，按钮 SB1 常闭触点的 3 端

→端子排的 3 端→按钮 SB3 常闭触点的 3 端，按钮 SB3 常闭触点的 4 端→端子排的 4 端→按钮 SB2 常开触点的 4 端，按钮 SB2 常开触点的 5 端→端子排的 5 端→接触器 KM 线圈的 5 端，接触器 KM 线圈的 0 端→熔断器 FU2 的 0 端，熔断器 FU2 的 W12 端→主熔断器 FU1 的 W12 端（或接触器 KM 主触点的 W12 端）。

按钮 SB3 常闭触点的 4 端→按钮 SB4 常开触点的 4 端，按钮 SB4 常开触点的 5 端→端子排的 5 端。

端子排的 4 端→接触器 KM 常开辅助触点的 4 端，接触器 KM 常开辅助触点的 5 端→接触器 KM 线圈的 5 端。

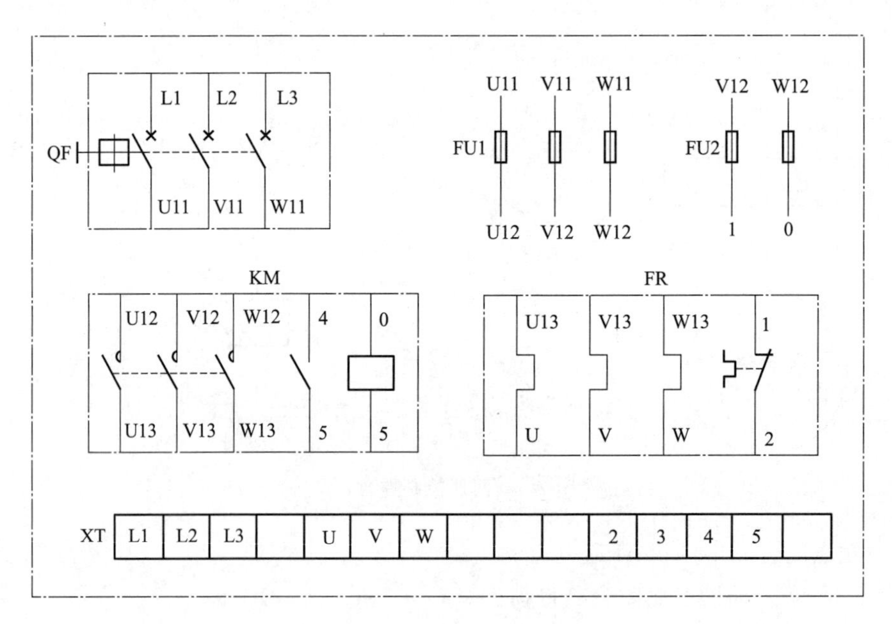


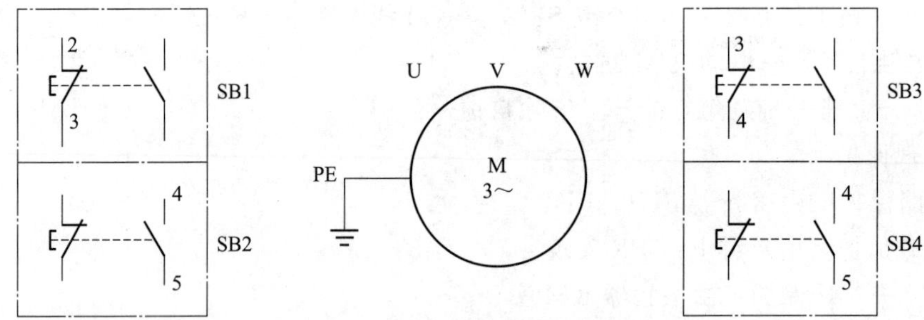


图 2-6　两地控制安装接线图

（5）检查器件。

① 用万用表或目视检查元件数量、质量；

② 测量接触器线圈阻抗并记录，为检测控制电路接线是否正确做准备。

（6）固定控制设备并完成接线。根据元件布置图固定控制设备、根据安装接线图完成接线。

① 注意事项

a. 接线前断开电源。

b. 初学者应按主电路、控制电路的先后顺序，由上至下、由左至右依次连接。

c. 端子排至电动机的线路暂不连接。

d. 为了使导线长度尽可能短、导线数量尽可能少、导线连接尽可能美观方便，除了电源开关 QF 的进线端、出线端不可互换外，其他电器，如熔断器的进出端、接触器主（辅）触点的进出端、接触器线圈的进出端、热继电器热元件的进出端、热继电器常闭触点的进出端、按钮的进出端等均可互换，只是在接线过程中必须记住哪个端子被指定为进线端，哪个端子被指定为出线端。

② 工艺要求

a. 布线通道尽可能少、导线长度尽可能短、导线数量尽可能少。

b. 同路并行导线按主电路、控制电路分类集中，单层密排，紧贴安装面布线。

c. 同一平面的导线应高低一致或前后一致，走线合理，不能交叉或架空。

d. 对螺栓式接点，导线按顺时针方向弯圈；对压片式接点，导线可直接插入压紧；不能压绝缘层、也不能露铜过长。

e. 布线应横平竖直，分布均匀，变换走向时应垂直。

f. 严禁损坏导线绝缘和线芯。

g. 一个接线端子上的连接导线不宜多于两根。

h. 进出线应合理汇集在端子排上。

（7）检查测量。

① 电源电压　用万用表测量电源电压是否正常。

② 主电路　断开电源进线开关 QF，用手按下接触器衔铁代替接触器通电吸合，检查测量主电路连接是否正确、是否有短路、开路点。

③ 控制电路　用万用表检测控制电路时，必须选用能准确显示线圈阻值的电阻挡并校零，以防止误判。

a. 保持电源进线开关 QF 处于断开状态，万用表表笔搭接在控制电路电源的两端（1、0 端），读数应为∞；

b. 按下启动按钮 SB2（或 SB4），或者用导线短接接触器 KM 的自锁触点（4-5），读数均应为已测出的线圈阻值；

c. 在按下启动按钮 SB2（或 SB4）或者用导线短接 KM 的自锁触点（4-5）的同时，按下停止按钮 SB1（或 SB3）或者断开热继电器 FR 的常闭触点，读数均应为∞。

（8）通电试车。

① 检查确定无误以后准备通电，提醒同组人员注意安全。

② 无载试车

a. 合上电源进线开关 QF，按下启动按钮 SB2（或 SB4），接触器 KM 应吸合；松开启动按钮 SB2（或 SB4），接触器 KM 应保持吸合；

b. 按下停止按钮 SB1（或 SB3），接触器 KM 应释放。

③ 有载试车。断开电源进线开关 QF，连接电动机。

a. 合上电源进线开关 QF，按下启动按钮 SB2（或 SB4），电动机 M 应通电旋转；松开启动按钮 SB2（或 SB4），电动机 M 应保持通电旋转；

b 按下停止按钮 SB1（或 SB3），电动机 M 应断电惯性停止。

若电动机旋转方向与工艺需求相反，可改变三相电源中任意两相电源的相序。

**【链接 11】** 两地控制

【学习评价】

填写“两地控制安装接线评价表”（见表 2-3），操作时间：100min。

表 2-3 两地控制安装接线评价表

| 项目 | 配分 | 评分要素 | 评分标准 | 得分 | 备注 |
|---|---|---|---|---|---|
| 准备 | 5 | 准备万用表、接线工具 | 每少准备一件－1 分(扣满为止,下同) | | |
| 绘图识图 | 10 | ①能绘制原理图并标注节点<br>②能说明工作原理、保护<br>③能绘制元件布置图、安装接线图 | ①不能绘制原理图并完成节点标注－5 分<br>②不能说明工作原理、保护－5 分<br>③不能绘制元件布置图、安装接线图－5 分 | | |
| 选择器材 | 10 | ①能合理选择所需器件<br>②能合理选择导线 | ①不能合理选择器件,每件－2 分<br>②不能合理选择导线－2 分 | | |
| 查测元件 | 5 | ①检查元件数量、质量<br>②测量线圈阻抗 | ①未检查元件数量、质量,每件－2 分<br>②未测量线圈阻抗－2 分 | | |
| 安装接线工艺要求 | 30 | ①按图接线<br>②布线符合要求<br>③采用板前配线<br>④接点牢固<br>⑤导线弯角成 90°<br>⑥不损伤导线、元件<br>⑦各方向上要互相垂直或平行、导线排列平整、美观 | ①不按图接线－5 分<br>②主电路、控制电路布线错误－5 分<br>③未采用板前配线－5 分<br>④接点松动、露铜过长(从外沿计算,大于 1mm)、压绝缘层、反圈,每处－1 分<br>⑤布线弯角不接近 90°,每处－1 分<br>⑥损伤导线绝缘或线芯、损坏元件每处(件)－1 分<br>⑦布线有明显交叉,每处－1 分,整体布线较乱－5 分 | | |
| 检查测量 | 10 | ①检查电源是否正常<br>②检查主电路、控制电路连接是否正确 | ①上电前未检查电源电压是否符合要求－5 分， 未检查熔断器－3 分<br>未采用防护措施－5 分<br>②未检查主、控制电路连接是否正确－5 分 | | |
| 通电试车 | 30 | 能实现任务要求的控制 | 不能正常运行－30 分 | | |
| 安全文明生产 | | ①能遵守国家或企业、实训室有关安全规定<br>②能在规定的时间内完成 | ①每违反一项规定,从总分中－5 分,严重违规者停止操作<br>②每超时 1min－5 分(提前完成不加分;超时 3min 停止操作) | | |
| 合计 | 100 | | | | |

【问题讨论】

（1）如何实现多地控制？

（2）若要求端子排的每个接线端子的一端最多只能压接两根导线，而某个接线端子上实际有多根导线，如何解决？

# 第四节 顺序启动同时停止控制线路的装接

**【任务描述】**

某生产设备由两台三相笼型异步电动机拖动。根据生产设备的具体工作情况，要求M1启动后M2才能启动，M1、M2同时停止；同时具有必要的短路保护、过载保护、欠（失）压保护功能，并能远距离频繁操作。

试完成该电动机控制线路的正确装接。

**【控制方案】**

根据本任务的任务描述和控制要求，宜选择接触器控制的顺序启动、同时停止控制方式。

**【实训目的】**

(1) 能根据控制要求绘制顺序启动、同时停止控制原理图。

(2) 能掌握顺序启动、同时停止控制工作原理。

(3) 能完成顺序启动、同时停止控制原理图的节点标注。

(4) 能根据标注的原理图绘制出安装接线图。

(5) 能根据安装接线图独立完成接线。

(6) 能根据原理图检测控制电路接线是否正确，分析出现故障的原因及可能。

(7) 能根据安装接线图确定故障的位置，并进行维修。

**【任务实施】**

**一、工具及器材**

(1) 工具：万用表以及螺钉旋具（一字、十字）、剥线钳、尖嘴钳、钢丝钳等常用接线工具；

(2) 器材：动力电源、带漏电保护低压断路器1个、熔断器5个、接触器2个、热继电器2个、三联按钮1个、电动机2台、导线若干。

**二、实施步骤**

(1) 绘制原理图、标注节点号码，如图2-7所示。

(2) 熟悉电路中各设备的作用。

(3) 分析工作原理。

① 工作原理

a. 启动　合上电源开关QF，按下启动按钮SB2→接触器KM1线圈通电→KM1所有触点全部动作：

KM1主触点闭合→电动机M1通电启动；

KM1（4-5）常开辅助触点闭合→自锁。

在KM1常开辅助触点闭合的前提下，按下启动按钮SB3→接触器KM2线圈通电→KM2所有触点全部动作：

KM2主触点闭合→电动机M2通电启动；

KM2（5-6）常开辅助触点闭合→自锁。

b. 停止　按下停止按钮SB1→KM1、KM2线圈同时断电→KM1、KM2所有触点全部

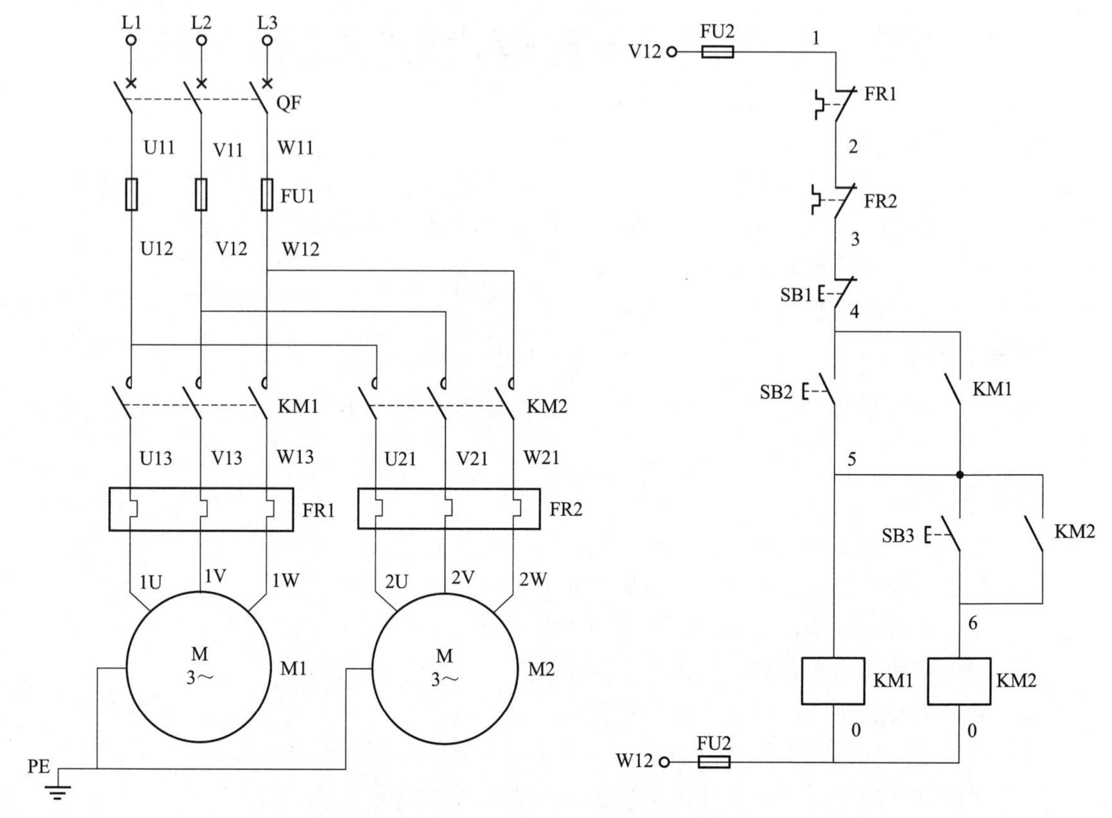


图 2-7 顺序启动、同时停止原理图

复位：

KM1、KM2 主触点断开→电动机 M1、M2 断电；

KM1（4-5）、KM2（5-6）常开辅助触点断开。

② 实现保护

a. 短路保护　主电路和控制电路的短路保护分别由熔断器 FU1、FU2 实现。

b. 过载保护　由热继电器 FR1、FR2 实现。当任意一台电动机出现过载时，两台电动机均停转。

c. 欠（失）压保护　由接触器 KM1、KM2 实现。

（4）绘制安装接线图，如图 2-8 所示。

① 连接主电路：外部三相交流电源→端子排的 L1、L2、L3 端→低压断路器 QF 的 L1、L2、L3 端，低压断路器 QF 的 U11、V11、W11 端→主熔断器 FU1 的 U11、V11、W11 端，主熔断器 FU1 的 U12、V12、W12 端→接触器 KM1 主触点的一侧接线端子 U12、V12、W12，接触器 KM1 主触点的另一侧接线端子 U13、V13、W13→热继电器 FR1 热元件的一侧接线端子 U13、V13、W13，热继电器 FR1 热元件的另一侧接线端子 1U、1V、1W→端子排的 1U、1V、1W 端→电动机 M1 的 1U、1V、1W 端。

接触器 KM1 主触点的一侧接线端子 U12、V12、W12→接触器 KM2 主触点的一侧接线端子 U12、V12、W12，接触器 KM2 主触点的另一侧接线端子 U21、V21、W21→热继电器 FR2 热元件的一侧接线端子 U21、V21、W21，热继电器 FR2 热元件的另一侧接线端子 2U、2V、2W→端子排的 2U、2V、2W 端→电动机 M2 的 2U、2V、2W 端。

② 连接控制电路：主熔断器 FU1 的 V12 端（或接触器 KM1、KM2 主触点的 V12 端）→控制回路熔断器 FU2 的 V12 端，熔断器 FU2 的 1 端→热继电器 FR1 常闭触点的 1 端，热继电器 FR1 常闭触点的 2 端→热继电器 FR2 常闭触点的 2 端，热继电器 FR2 常闭触点的 3 端→端子排的 3 端→按钮 SB1 常闭触点的 3 端，按钮 SB1 常闭触点的 4 端→按钮 SB2 常开触点的 4 端，按钮 SB2 常开触点的 5 端→端子排的 5 端→接触器 KM1 线圈的 5 端，接触器 KM1 线圈的 0 端→熔断器 FU2 的 0 端，熔断器 FU2 的 W12 端→主熔断器 FU1 的 W12 端（或接触器 KM1、KM2 主触点的 W12 端）。

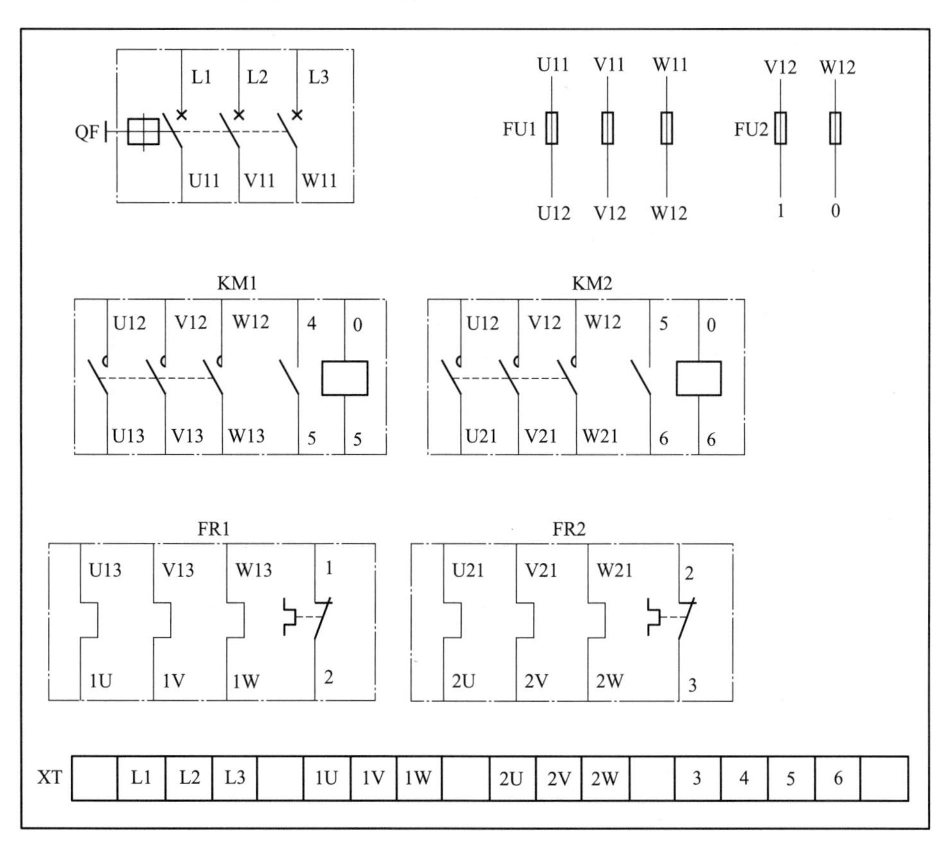


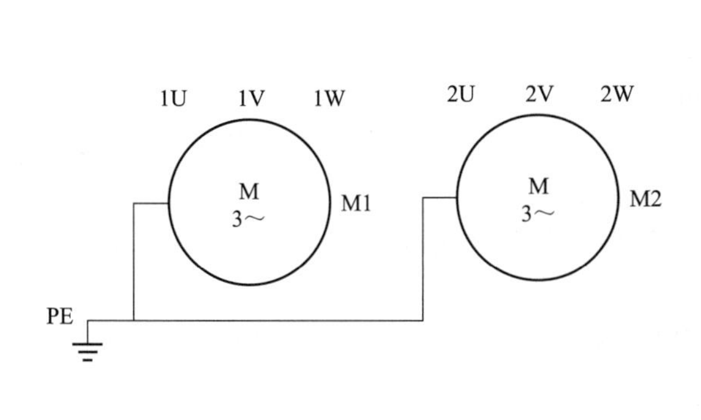


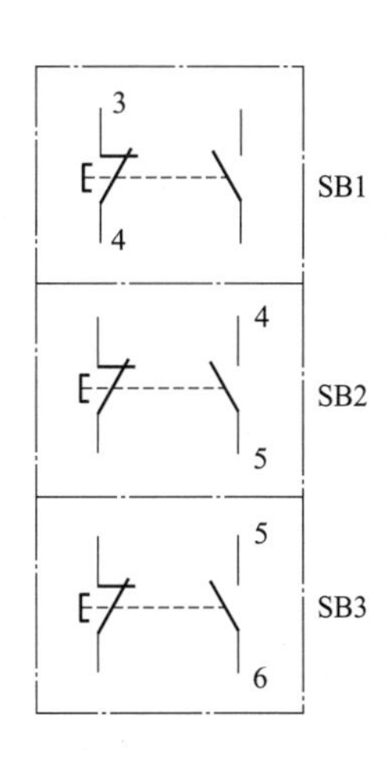


图 2-8　顺序启动、同时停止安装接线图

按钮 SB1 常闭触点的 4 端（或按钮 SB2 常开触点的 4 端）→端子排的 4 端→接触器 KM1 常开辅助触点的 4 端，接触器 KM1 常开辅助触点的 5 端→接触器 KM1 线圈的 5 端。

按钮 SB2 常开触点的 5 端→按钮 SB3 常开触点的 5 端，按钮 SB3 常开触点的 6 端→端子排的 6 端→接触器 KM2 线圈的 6 端，接触器 KM2 线圈的 0 端→接触器 KM1 线圈的 0 端。

接触器 KM1 常开辅助触点的 5 端→接触器 KM2 常开辅助触点的 5 端，接触器 KM2 常开辅助触点的 6 端→接触器 KM2 线圈的 6 端。

(5) 检查器件。

① 用万用表或目视检查元件数量、质量；

② 测量接触器线圈阻抗并记录，为检测控制电路接线是否正确做准备。

(6) 固定控制设备并完成接线。根据元件布置图固定控制设备、根据安装接线图完成接线。

① 注意事项

a. 接线前断开电源。

b. 初学者应按主电路、控制电路的先后顺序，由上至下、由左至右依次连接。

c. 端子排至电动机的线路暂不连接。

d. 为了使导线长度尽可能短、导线数量尽可能少、导线连接尽可能美观方便，除了电源开关 QF 的进线端、出线端不可互换外，其他电器，如熔断器的进出端、接触器主（辅）触点的进出端、接触器线圈的进出端、热继电器热元件的进出端、热继电器常闭触点的进出端、按钮的进出端等均可互换，只是在接线过程中必须记住哪个端子被指定为进线端，哪个端子被指定为出线端。

② 工艺要求

a. 布线通道尽可能少、导线长度尽可能短、导线数量尽可能少。

b. 同路并行导线按主电路、控制电路分类集中，单层密排，紧贴安装面布线。

c. 同一平面的导线应高低一致或前后一致，走线合理，不能交叉或架空。

d. 对螺栓式接点，导线按顺时针方向弯圈；对压片式接点，导线可直接插入压紧；不能压绝缘层、也不能露铜过长。

e. 布线应横平竖直，分布均匀，变换走向时应垂直。

f. 严禁损坏导线绝缘和线芯。

g. 一个接线端子上的连接导线不宜多于两根。

h. 进出线应合理汇集在端子排上。

(7) 检查测量。

① 电源电压　用万用表测量电源电压是否正常。

② 主电路　断开电源进线开关 QF，用手按下接触器衔铁代替接触器通电吸合，检查测量主电路连接是否正确、是否有短路、开路点。

③ 控制电路　用万用表检测控制电路时，必须选用能准确显示线圈阻值的电阻挡并校零，以防止误判。

a. 保持电源进线开关 QF 处于断开状态，万用表表笔搭接在控制电路电源的两端（1、0 端），读数应为∞；

b. 按下启动按钮 SB3，读数应为∞；

c. 按下启动按钮 SB2，或者用导线短接接触器 KM1 的自锁触点（4-5），读数均应为接触器 KM1 线圈的阻值；

d. 在按下启动按钮 SB2（或者用导线短接 KM1 的自锁触点）的同时，按下按钮 SB3 或者用导线短接 KM2 的自锁触点（5-6），读数均应为接触器 KM1、KM2 线圈并联的阻值；

e. 在用导线短接 KM1 和 KM2 自锁触点的同时，按下按钮 SB1 或者断开热继电器 FR1 或 FR2 的常闭触点，读数均应为∞。

（8）通电试车。

① 检查确定无误以后准备通电，提醒同组人员注意安全。

② 无载试车。

a. 合上电源进线开关 QF，按下启动按钮 SB3，接触器 KM1、KM2 应不动作；

b. 按下启动按钮 SB2，接触器 KM1 应吸合并自保持；再按下启动按钮 SB3，接触器 KM2 应吸合并自保持；

c. 按下停止按钮 SB1，接触器 KM1、KM2 应同时释放。

③ 有载试车。断开电源进线开关 QF，连接电动机。

a. 合上电源进线开关 QF，按下启动按钮 SB3，电动机 M1、M2 应不动；

b. 按下启动按钮 SB2，电动机 M1 应通电旋转；再按下启动按钮 SB3，电动机 M2 应通电旋转；

c. 按下停止按钮 SB1，电动机 M1、M2 应同时断电惯性停止。

若电动机旋转方向与工艺需求相反，可改变三相电源中任意两相电源的相序。

**【链接 12】** 顺序启动同时停止控制

【学习评价】

填写“顺序启动同时停止安装接线评价表”（见表 2-4），操作时间：100min。

**表 2-4　顺序启动同时停止安装接线评价表**

| 项目 | 配分 | 评分要素 | 评分标准 | 得分 | 备注 |
| --- | --- | --- | --- | --- | --- |
| 准备 | 5 | 准备万用表、接线工具 | 每少准备一件－1 分（扣满为止，下同） | | |
| 绘图识图 | 10 | ①能绘制原理图并标注节点<br>②能说明工作原理、保护<br>③能绘制元件布置图、安装接线图 | ①不能绘制原理图并完成节点标注－5 分<br>②不能说明工作原理、保护－5 分<br>③不能绘制元件布置图、安装接线图－5 分 | | |
| 选择器材 | 10 | ①能合理选择所需器件<br>②能合理选择导线 | ①不能合理选择器件，每件－2 分<br>②不能合理选择导线－2 分 | | |
| 查测元件 | 5 | ①检查元件数量、质量<br>②测量线圈阻抗 | ①未检查元件数量、质量，每件－2 分<br>②未测量线圈阻抗－2 分 | | |
| 安装接线工艺要求 | 30 | ①按图接线<br>②布线符合要求<br>③采用板前配线<br>④接点牢固<br>⑤导线弯角成 90°<br>⑥不损伤导线、元件<br>⑦各方向上要互相垂直或平行、导线排列平整、美观 | ①不按图接线－5 分<br>②主电路、控制电路布线错误－5 分<br>③未采用板前配线－5 分<br>④接点松动、露铜过长（从外沿计算，大于 1mm）、压绝缘层、反圈，每处－1 分<br>⑤布线弯角不接近 90°，每处－1 分<br>⑥损伤导线绝缘或线芯、损坏元件每处（件）－1分<br>⑦布线有明显交叉，每处－1 分；整体布线较乱－5 分 | | |

续表

| 项目 | 配分 | 评分要素 | 评分标准 | 得分 | 备注 |
|---|---|---|---|---|---|
| 检查测量 | 10 | ①检查电源是否正常<br>②检查主电路、控制电路连接是否正确 | ①上电前未检查电源电压是否符合要求－5分，未检查熔断器－3分，未采用防护措施－5分<br>②未检查主、控制电路连接是否正确－5分 | | |
| 通电试车 | 30 | 能实现任务要求的控制 | 不能正常运行－30分 | | |
| 安全文明生产 | | ①能遵守国家或企业、实训室有关安全规定<br>②能在规定的时间内完成 | ①每违反一项规定，从总分中－5分，严重违规者停止操作<br>②每超时1min－5分，（提前完成不加分；超时3min停止操作） | | |
| 合计 | 100 | | | | |

【问题讨论】

（1）若要求电动机M2过载时只是M2停转，控制电路该如何设计？

（2）按下启动按钮SB3，M2就能启动，试分析可能存在的原因。

# 第五节 顺序启动逆序停止控制线路的装接

【任务描述】

某生产设备由两台三相笼型异步电动机拖动。根据生产设备的具体工作情况，要求M1启动后M2才能启动、M2停止后M1才能停止；同时具有必要的短路保护、过载保护、欠（失）压保护功能，并能远距离频繁操作。

试完成该电动机控制线路的正确装接。

【控制方案】

根据本任务的任务描述和控制要求，宜选择两台电动机顺序启动、逆序停止控制方式。

【实训目的】

（1）能根据控制要求绘制两台电动机顺序启动、逆序停止控制原理图。

（2）能掌握两台电动机顺序启动、逆序停止控制工作原理。

（3）能完成两台电动机顺序启动、逆序停止控制原理图的节点标注。

（4）能根据标注的原理图绘制出安装接线图。

（5）能根据安装接线图独立完成接线。

（6）能根据原理图检测控制电路接线是否正确，分析出现故障的原因及可能。

（7）能根据安装接线图确定故障的位置，并进行维修。

【任务实施】

## 一、工具及器材

（1）工具：万用表以及螺钉旋具（一字、十字）、剥线钳、尖嘴钳、钢丝钳等常用接线工具；

（2）器材：动力电源、带漏电保护低压断路器1个、熔断器5个、接触器2个、热继电器2个、双联按钮2个、电动机2台、导线若干。

## 二、实施步骤

（1）绘制原理图、标注节点号码，如图 2-9 所示。

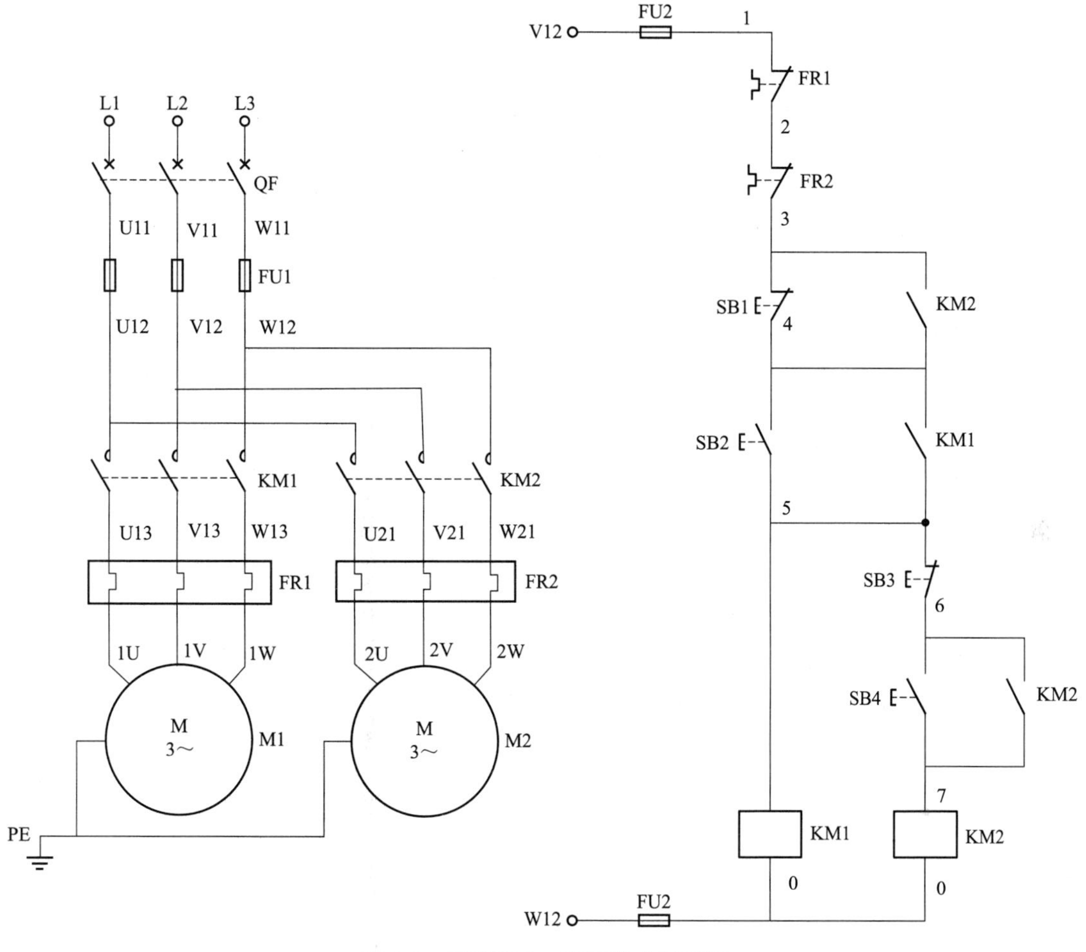


图 2-9　顺序启动、逆序停止原理图

（2）熟悉电路中各设备的作用。

（3）分析工作原理。

① 工作原理

a. 启动　合上电源开关 QF，按下启动按钮 SB2→接触器 KM1 线圈通电→KM1 所有触点全部动作：

KM1 主触点闭合→电动机 M1 通电启动。

KM1（4-5）常开辅助触点闭合→按下启动按钮 SB4→接触器 KM2 线圈通电→KM2 所有触点全部动作：

KM2 主触点闭合→电动机 M2 通电启动；

KM2（6-7）常开辅助触点闭合→自锁；

KM2（3-4）常开辅助触点闭合→短接停止按钮 SB1。

b. 停止　按下停止按钮 SB3→KM2 线圈断电→KM2 所有触点全部复位：

KM2 主触点断开→电动机 M2 断电；

KM2（6-7）常开辅助触点断开。

KM2（3-4）常开辅助触点断开→按下停止按钮 SB1→KM1 线圈断电→KM1 所有触点全部复位：

KM1 主触点断开→电动机 M1 断电；

KM1（4-5）常开辅助触点断开。

② 实现保护

a. 短路保护　主电路和控制电路的短路保护分别由熔断器 FU1、FU2 实现。

b. 过载保护　由热继电器 FR1、FR2 实现。当任意一台电动机出现过载时，两台电动机均停转。

c. 欠（失）压保护　由接触器 KM1、KM2 实现。

在接触器 KM2 线圈回路中串接了接触器 KM1 的动合辅助触点，只有 KM1 线圈得电，KM1 动合辅助触点闭合后，按下 SB4，KM2 线圈才能得电，从而保证了 M1 启动后，M2 才能启动的顺序启动控制要求；在 SB1 的两端并联了接触器 KM2 的动合辅助触点，只有 KM2 线圈断电，KM2 的动合辅助触点断开，按下 SB1，KM1 线圈才能断电，实现了 M2 停止后 M1 才能停止的逆序停止控制要求。

（4）绘制安装接线图，如图 2-10 所示。

① 连接主电路：外部三相交流电源→端子排的 L1、L2、L3 端→低压断路器 QF 的 L1、L2、L3 端，低压断路器 QF 的 U11、V11、W11 端→主熔断器 FU1 的 U11、V11、W11 端，主熔断器 FU1 的 U12、V12、W12 端→接触器 KM1 主触点的一侧接线端子 U12、V12、W12，接触器 KM1 主触点的另一侧接线端子 U13、V13、W13→热继电器 FR1 热元件的一侧接线端子 U13、V13、W13，热继电器 FR1 热元件的另一侧接线端子 1U、1V、1W→端子排的 1U、1V、1W 端→电动机 M1 的 1U、1V、1W 端。

接触器 KM1 主触点的一侧接线端子 U12、V12、W12→接触器 KM2 主触点一侧的接线端子 U12、V12、W12，接触器 KM2 主触点的另一侧接线端子 U21、V21、W21→热继电器 FR2 热元件的一侧接线端子 U21、V21、W21，热继电器 FR2 热元件的另一侧接线端子 2U、2V、2W→端子排的 2U、2V、2W 端→电动机 M2 的 2U、2V、2W 端。

② 连接控制电路：主熔断器 FU1 的 V12 端（或接触器 KM1、KM2 主触点的 V12 端）→控制回路熔断器 FU2 的 V12 端，熔断器 FU2 的 1 端→热继电器 FR1 常闭触点的 1 端，热继电器 FR1 常闭触点的 2 端→热继电器 FR2 常闭触点的 2 端，热继电器 FR2 常闭触点的 3 端→端子排的 3 端→按钮 SB1 常闭触点的 3 端，按钮 SB1 常闭触点的 4 端→按钮 SB2 常开触点的 4 端，按钮 SB2 常开触点的 5 端→端子排的 5 端→接触器 KM1 线圈的 5 端，接触器 KM1 线圈的 0 端→熔断器 FU2 的 0 端，熔断器 FU2 的 W12 端→主熔断器 FU1 的 W12 端（或接触器 KM1、KM2 主触点的 W12 端）。

热继电器 FR2 常闭触点的 3 端→接触器 KM2 常开辅助触点的 3 端，接触器 KM2 常开辅助触点的 4 端→接触器 KM1 常开辅助触点的 4 端。

按钮 SB1 常闭触点的 4 端（或按钮 SB2 常开触点的 4 端）→端子排的 4 端→接触器 KM1 常开辅助触点的 4 端，接触器 KM1 常开辅助触点的 5 端→接触器 KM1 线圈的 5 端。

按钮 SB2 常开触点的 5 端→按钮 SB3 常闭触点的 5 端，按钮 SB3 常闭触点的 6 端→按钮 SB4 常开触点的 6 端，按钮 SB4 常开触点的 7 端→端子排的 7 端→接触器 KM2 线圈的 7 端，接触器 KM2 线圈的 0 端→接触器 KM1 线圈的 0 端。

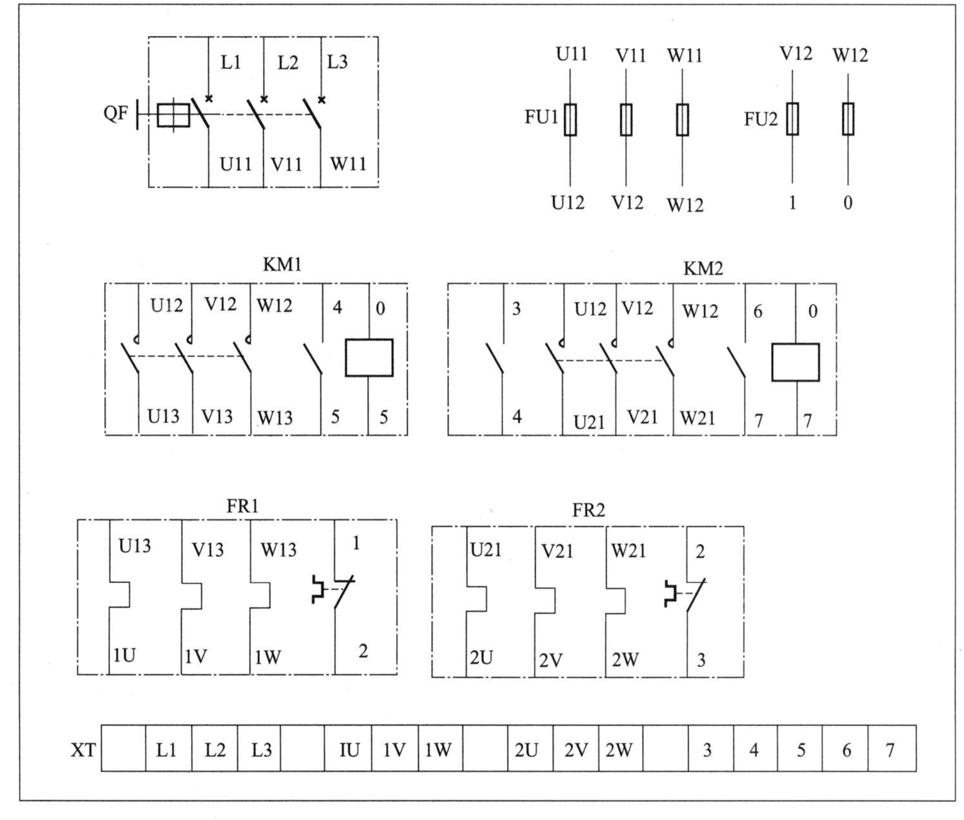


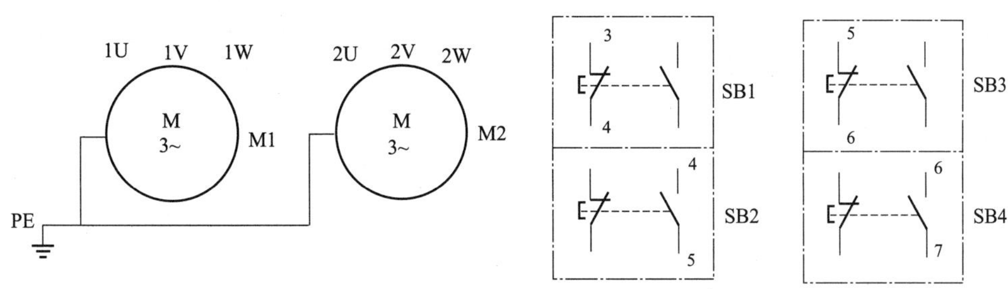


图 2-10 顺序启动、逆序停止安装接线图

按钮 SB3 常闭触点的 6 端（或按钮 SB4 常开触点的 6 端）→端子排的 6 端→接触器 KM2 常开辅助触点的 6 端，接触器 KM2 常开辅助触点的 7 端→接触器 KM2 线圈的 7 端。

（5）检查器件。

① 用万用表或目视检查元件数量、质量；

② 测量接触器线圈阻抗并记录，为检测控制电路接线是否正确做准备。

（6）固定控制设备并完成接线。根据元件布置图固定控制设备、根据安装接线图完成接线。

① 注意事项

a. 接线前断开电源。

b. 初学者应按主电路、控制电路的先后顺序，由上至下、由左至右依次连接。

c. 端子排至电动机的线路暂不连接。

d. 为了使导线长度尽可能短、导线数量尽可能少、导线连接尽可能美观方便，除了电源开关 QF 的进线端、出线端不可互换外，其他电器，如熔断器的进出端、接触器主（辅）触点的进出端、接触器线圈的进出端、热继电器热元件的进出端、热继电器常闭触点的进出端、按钮的进出端等均可互换，只是在接线过程中必须记住哪个端子被指定为进线端，哪个端子被指定为出线端。

② 工艺要求

a. 布线通道尽可能少、导线长度尽可能短、导线数量尽可能少。

b. 同路并行导线按主电路、控制电路分类集中，单层密排，紧贴安装面布线。

c. 同一平面的导线应高低一致或前后一致，走线合理，不能交叉或架空。

d. 对螺栓式接点，导线按顺时针方向弯圈；对压片式接点，导线可直接插入压紧；不能压绝缘层、也不能露铜过长。

e. 布线应横平竖直，分布均匀，变换走向时应垂直。

f. 严禁损坏导线绝缘和线芯。

g. 一个接线端子上的连接导线不宜多于两根。

h. 进出线应合理汇集在端子排上。

（7）检查测量。

① 电源电压　用万用表测量电源电压是否正常。

② 主电路　断开电源进线开关 QF，用手按下接触器衔铁代替接触器通电吸合，检查测量主电路连接是否正确、是否有短路、开路点。

③ 控制电路　用万用表检测控制电路时，必须选用能准确显示线圈阻值的电阻挡并校零，以防止误判。

a. 保持电源进线开关 QF 处于断开状态，万用表表笔搭接在控制电路电源的两端（1、0 端），读数应为∞；

b. 按下启动按钮 SB4，读数应为∞；

c. 按下启动按钮 SB2，或者用导线短接接触器 KM1（4-5），读数均应为接触器 KM1 线圈的阻值；此时按下按钮 SB4 或者用导线短接 KM2（6-7），读数均应为接触器 KM1、KM2 线圈并联的阻值；

d. 同时短接 KM2（3-4）、KM1（4-5），读数应为接触器 KM1 线圈的阻值，此时按下停止按钮 SB1，读数仍应为接触器 KM1 线圈的阻值。

（8）通电试车。

① 检查确定无误以后准备通电，提醒同组人员注意安全。

② 无载试车

a. 合上电源进线开关 QF，按下启动按钮 SB4，接触器 KM1、KM2 应不动作；

b. 按下启动按钮 SB2，接触器 KM1 应吸合并自保持；再按下启动按钮 SB4，接触器 KM2 应吸合并自保持；

c. 按下停止按钮 SB1，接触器 KM1、KM2 仍应保持吸合；

d. 按下停止按钮 SB3，接触器 KM2 应释放；再按下停止按钮 SB1，接触器 KM1 应释放。

③ 有载试车。断开电源进线开关 QF，连接电动机。

a. 合上电源进线开关 QF，按下启动按钮 SB4，电动机 M1、M2 应不动；

b. 按下启动按钮 SB2，电动机 M1 应通电旋转；再按下启动按钮 SB4，电动机 M2 应通电旋转；

c. 按下停止按钮 SB1，电动机 M1、M2 应保持旋转；

d. 按下停止按钮 SB3，电动机 M2 应断电；再按下停止按钮 SB1，电动机 M1 应断电。

**【链接 13】** 顺序启动逆序停止控制

**【学习评价】**

填写“顺序启动逆序停止安装接线评价表”（见表 2-5），操作时间：100min。

**表 2-5 顺序启动逆序停止安装接线评价表**

| 项目 | 配分 | 评分要素 | 评分标准 | 得分 | 备注 |
|---|---|---|---|---|---|
| 准备 | 5 | 准备万用表、接线工具 | 每少准备一件－1 分(扣满为止,下同) | | |
| 绘图识图 | 10 | ①能绘制原理图并标注节点<br>②能说明工作原理、保护<br>③能绘制元件布置图、安装接线图 | ①不能绘制原理图并完成节点标注－5 分<br>②不能说明工作原理、保护－5 分<br>③不能绘制元件布置图、安装接线图－5 分 | | |
| 选择器材 | 10 | ①能合理选择所需器件<br>②能合理选择导线 | ①不能合理选择器件,每件－2 分<br>②不能合理选择导线－2 分 | | |
| 查测元件 | 5 | ①检查元件数量、质量<br>②测量线圈阻抗 | ①未检查元件数量、质量,每件－2 分<br>②未测量线圈阻抗－2 分 | | |
| 安装接线工艺要求 | 30 | ①按图接线<br>②布线符合要求<br>③采用板前配线<br>④接点牢固<br>⑤导线弯角成 90°<br>⑥不损伤导线、元件<br>⑦各方向上要互相垂直或平行、导线排列平整、美观 | ①不按图接线－5 分<br>②主电路、控制电路布线错误－5 分<br>③未采用板前配线－5 分<br>④接点松动、露铜过长(从外沿计算,大于 1mm)、压绝缘层、反圈,每处－1 分<br>⑤布线弯角不接近 90°,每处－1 分<br>⑥损伤导线绝缘或线芯、损坏元件每处(件)－1 分<br>⑦布线有明显交叉,每处－1 分,整体布线较乱－5 分 | | |
| 检查测量 | 10 | ①检查电源是否正常<br>②检查主电路、控制电路连接是否正确 | ①上电前未检查电源电压是否符合要求－5 分,未检查熔断器－3 分,未采用防护措施－5 分<br>②未检查主、控制电路连接是否正确－5 分 | | |
| 通电试车 | 30 | 能实现任务要求的控制 | 不能正常运行－30 分 | | |
| 安全文明生产 | | ①能遵守国家或企业、实训室有关安全规定<br>②能在规定的时间内完成 | ①每违反一项规定,从总分中－5 分,严重违规者停止操作<br>②每超时 1min－5 分(提前完成不加分;超时 3min 停止操作) | | |
| 合计 | 100 | | | | |

**【问题讨论】**

如何实现顺序启动、逆序停止？

# 第六节 具有电气互锁的正反转控制线路的装接

**【任务描述】**

某生产设备由一台三相笼型异步电动机拖动。根据生产设备的具体工作情况，要求该电动机应能实现双向（正、反向）启动、连续运行，具有短路保护、过载保护、欠（失）压保护功能，并能远距离频繁操作；接线简单、维修方便。

试完成该电动机控制线路的正确装接。

【控制方案】

根据本任务的任务描述和控制要求，宜选择具有电气互锁的正、反转控制方式。

【实训目的】

（1）能根据控制要求绘制具有电气互锁的正、反转控制原理图。

（2）能掌握具有电气互锁的正、反转控制工作原理。

（3）能完成具有电气互锁的正、反转控制原理图的节点标注。

（4）能根据标注的原理图绘制出安装接线图。

（5）能根据安装接线图独立完成接线。

（6）能根据原理图检测控制电路接线是否正确，分析出现故障的原因及可能。

（7）能根据安装接线图确定故障的位置，并进行维修。

【任务实施】

### 一、工具及器材

（1）工具：万用表以及螺钉旋具（一字、十字）、剥线钳、尖嘴钳、钢丝钳等常用接线工具；

（2）器材：动力电源、带漏电保护低压断路器 1 个、熔断器 5 个、接触器 2 个、热继电器 1 个、三联按钮 1 个、电动机 1 台、导线若干。

### 二、实施步骤

（1）绘制原理图、标注节点号码，如图 2-11 所示。

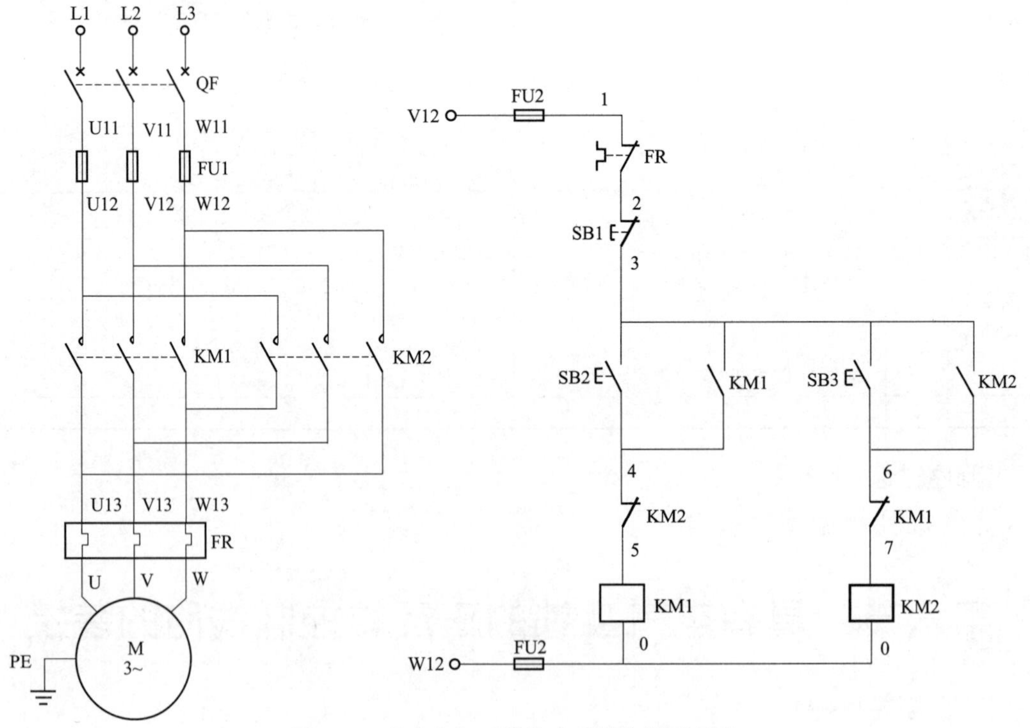


图 2-11 具有电气互锁的正反转控制原理图

（2）熟悉电路中各设备的作用。

（3）分析工作原理。

① 工作原理

a. 正向启动 合上电源开关 QF，按下正转启动按钮 SB2→正向接触器 KM1 线圈通电→KM1 所有触点动作：

KM1 主触点闭合→电动机 M 正向启动；

KM1（3-4）常开辅助触点闭合→自锁；

KM1（6-7）常闭辅助触点断开→断开了反向接触器 KM2 线圈通电路径。

b. 停止 按下停止按钮 SB1→KM1 线圈断电→KM1 所有触点复位：

KM1 主触点断开→M 断电；

KM1（3-4）常开辅助触点断开→解除自锁；

KM1（6-7）常闭辅助触点闭合→为 KM2 线圈通电做准备。

c. 反向启动 按下反转启动按钮 SB3→反向接触器 KM2 线圈通电→KM2 所有触点动作：

KM2 主触点闭合→M 反向启动；

KM2（3-6）常开辅助触点闭合→自锁；

KM2（4-5）常闭辅助触点断开→断开了 KM1 线圈通电路径。

这种在同一时间里两个接触器只允许一个工作的控制，称为互锁（或联锁）；这种利用接触器常闭辅助触点实现的互锁，称为“电气互锁”。

该控制线路虽然能够避免因误操作而引起电源短路事故，但也有不足之处，即：只能实现电动机的“正转—停止—反转—停止”控制，无法实现由正转到反转的直接过渡，这给某些操作带来了不便。

② 实现保护

a. 短路保护 主电路和控制电路的短路保护分别由熔断器 FU1、FU2 实现。

b. 过载保护 由热继电器 FR 实现。

c. 欠（失）压保护 由接触器 KM1、KM2 实现。

d. 互锁保护 由接触器 KM1、KM2 的常闭辅助触点实现。

（4）绘制安装接线图，如图 2-12 所示。

① 连接主电路：外部三相交流电源→端子排的 L1、L2、L3 端→低压断路器 QF 的 L1、L2、L3 端，低压断路器 QF 的 U11、V11、W11 端→主熔断器 FU1 的 U11、V11、W11 端，主熔断器 FU1 的 U12、V12、W12 端→接触器 KM1 主触点的一侧接线端子 U12、V12、W12，接触器 KM1 主触点的另一侧接线端子 U13、V13、W13→热继电器 FR 热元件的一侧接线端子 U13、V13、W13，热继电器 FR 热元件的另一侧接线端子 U、V、W→端子排的 U、V、W 端→电动机的 U、V、W 端。

接触器 KM1 主触点的一侧接线端子 U12、V12、W12→接触器 KM2 主触点一侧的接线端子 U12、V12、W12，接触器 KM1 主触点的另一侧接线端子 U13、V13、W13→接触器 KM2 主触点的另一侧接线端子 U13、V13、W13，注意相序。

② 连接控制电路：主熔断器 FU1 的 V12 端（或接触器 KM1、KM2 主触点的 V12 端）→控制回路熔断器 FU2 的 V12 端，熔断器 FU2 的 1 端→热继电器 FR 常闭触点的 1 端，热继电器 FR 常闭触点的 2 端→端子排的 2 端→按钮 SB1 常闭触点的 2 端，按钮 SB1 常闭触点

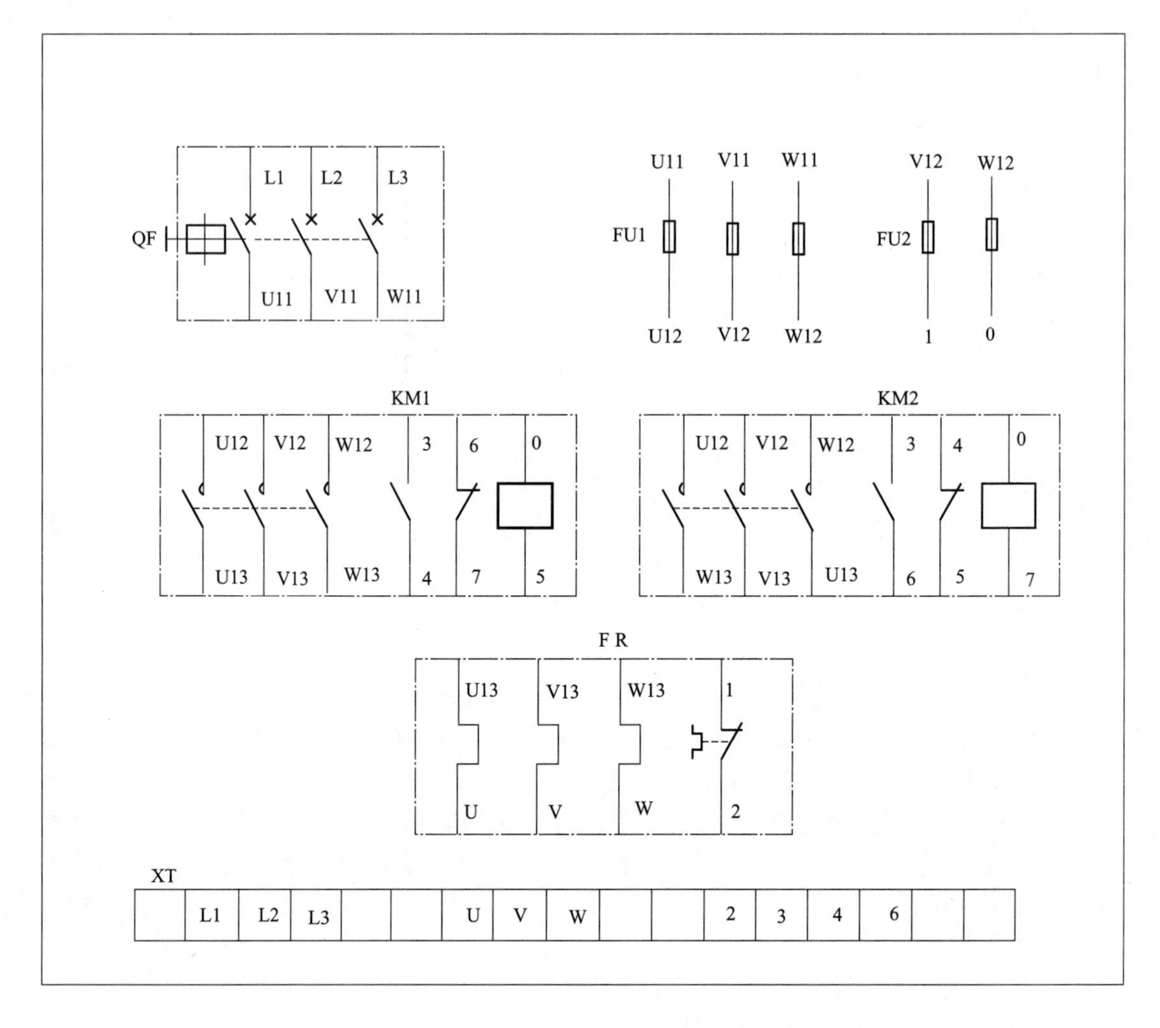


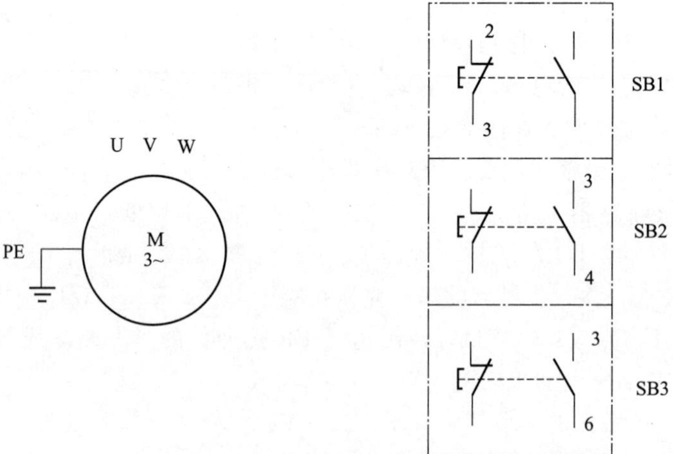


图 2-12 具有电气互锁的正反转控制安装接线图

的 3 端→按钮 SB2 常开触点的 3 端，按钮 SB2 常开触点的 4 端→端子排的 4 端→接触器 KM2 常闭辅助触点的 4 端，接触器 KM2 常闭辅助触点的 5 端→接触器 KM1 线圈的 5 端，接触器 KM1 线圈的 0 端→熔断器 FU2 的 0 端，熔断器 FU2 的 W12 端→主熔断器 FU1 的

W12 端（或接触器 KM1、KM2 主触点的 W12 端）。

按钮 SB1 常闭触点的 3 端（或按钮 SB2 常开触点的 3 端）→端子排的 3 端→接触器 KM1 常开辅助触点的 3 端，接触器 KM1 常开辅助触点的 4 端→接触器 KM2 常闭辅助触点的 4 端。

按钮 SB1 常闭触点的 3 端（或按钮 SB2 常开触点的 3 端）→按钮 SB3 常开触点的 3 端，按钮 SB3 常开触点的 6 端→端子排的 6 端→接触器 KM1 常闭辅助触点的 6 端，接触器 KM1 常闭辅助触点的 7 端→接触器 KM2 线圈的 7 端，接触器 KM2 线圈的 0 端→接触器 KM1 线圈的 0 端。

接触器 KM1 常开辅助触点的 3 端→接触器 KM2 常开辅助触点的 3 端，接触器 KM2 常开辅助触点的 6 端→接触器 KM1 常闭辅助触点的 6 端。

（5）检查器件。

① 用万用表或目视检查元件数量、质量；

② 测量接触器线圈阻抗，为检测控制电路接线是否正确做准备。

（6）固定控制设备并完成接线。根据元件布置图固定控制设备、根据安装接线图完成接线。

① 注意事项

a. 接线前断开电源。

b. 初学者应按主电路、控制电路的先后顺序，由上至下、由左至右依次连接。

c. 端子排至电动机的线路暂不连接。

d. 为了使导线长度尽可能短、导线数量尽可能少、导线连接尽可能美观方便，除了电源开关 QF 的进线端、出线端不可互换外，其他电器，如熔断器的进出端、接触器主（辅）触点的进出端、接触器线圈的进出端、热继电器热元件的进出端、热继电器常闭触点的进出端、按钮的进出端等均可互换，只是在接线过程中必须记住哪个端子被指定为进线端，哪个端子被指定为出线端。

② 工艺要求

a. 布线通道尽可能少、导线长度尽可能短、导线数量尽可能少。

b. 同路并行导线按主电路、控制电路分类集中，单层密排，紧贴安装面布线。

c. 同一平面的导线应高低一致或前后一致，走线合理，不能交叉或架空。

d. 对螺栓式接点，导线按顺时针方向弯圈；对压片式接点，导线可直接插入压紧；不能压绝缘层、也不能露铜过长。

e. 布线应横平竖直，分布均匀，变换走向时应垂直。

f. 严禁损坏导线绝缘和线芯。

g. 一个接线端子上的连接导线不宜多于两根。

h. 进出线应合理汇集在端子排上。

（7）检查测量。

① 电源电压　用万用表测量电源电压是否正常。

② 主电路　断开电源进线开关 QF，用手按下接触器衔铁代替接触器通电吸合，检查测量主电路连接是否正确、是否有短路、开路点。

③ 控制电路　用万用表检测控制电路时，必须选用能准确显示线圈阻值的电阻挡并校零，以防止误判。

a. 保持电源进线开关 QF 处于断开状态，万用表表笔搭接在控制电路电源的两端（1、0 端），读数应为∞；

b. 同时按下正、反向启动按钮 SB2、SB3，或者同时短接 KM1（3-4）、KM2（3-6），读数应为接触器 KM1、KM2 线圈并联的阻值；

c. 在按下正（反）向启动按钮 SB2（SB3），或者短接 KM1（3-4）[KM2(3-6)]的同时，按下停止按钮 SB1，或者断开热继电器 FR 的常闭触点，读数均应为∞。

（8）通电试车。

① 检查确定无误以后准备通电，提醒同组人员注意安全。

② 无载试车。断开一个接触器一侧主触点的接线。

a. 合上电源进线开关 QF，按下正（反）向启动按钮 SB2（SB3），接触器 KM1（KM2）应吸合；松开正（反）向启动按钮 SB2（SB3），接触器 KM1（KM2）应保持吸合；

b. 在按下正（反）向启动按钮 SB2（SB3），接触器 KM1（KM2）吸合的同时，按下反（正）向启动按钮 SB3（SB2），接触器 KM1（KM2）应保持吸合，接触器 KM2（KM1）不应吸合；

c. 按下停止按钮 SB1，接触器 KM1 或 KM2 应释放。

③ 有载试车。断开电源进线开关 QF，连接断开的接触器一侧主触点接线，同时连接电动机。

a. 合上电源进线开关 QF，按下正（反）向启动按钮 SB2（SB3），电动机应正（反）向旋转；松开正（反）向启动按钮 SB2（SB3），电动机应保持正（反）向旋转；按下反（正）向启动按钮 SB3（SB2），电动机应保持正（反）转；

b. 在电动机正（反）转的同时，按下停止按钮 SB1，电动机应断电惯性停止；

c. 待电动机完全停止后，按下反（正）向启动按钮 SB3（SB2），电动机应反（正）向旋转；松开反（正）向启动按钮 SB3（SB2），电动机应保持反（正）向旋转；按下正（反）向启动按钮 SB2（SB3），电动机应保持反（正）转。

**【链接 14】** 电气互锁的正反转控制

【学习评价】

填写“具有电气互锁的正反转控制安装接线评价表”（见表 2-6），操作时间：100min。

**表 2-6 具有电气互锁的正反转控制安装接线评价表**

| 项目 | 配分 | 评分要素 | 评分标准 | 得分 | 备注 |
|---|---|---|---|---|---|
| 准备 | 5 | 准备万用表、接线工具 | 每少准备一件－1 分(扣满为止,下同) | | |
| 绘图识图 | 10 | ①能绘制原理图并标注节点<br>②能说明工作原理、保护<br>③能绘制元件布置图、安装接线图 | ①不能绘制原理图并完成节点标注－5 分<br>②不能说明工作原理、保护－5 分<br>③不能绘制元件布置图、安装接线图－5 分 | | |
| 选择器材 | 10 | ①能合理选择所需器件<br>②能合理选择导线 | ①不能合理选择器件,每件－2 分<br>②不能合理选择导线－2 分 | | |
| 查测元件 | 5 | ①检查元件数量、质量<br>②测量线圈阻抗 | ①未检查元件数量、质量,每件－2 分<br>②未测量线圈阻抗－2 分 | | |

续表

| 项目 | 配分 | 评分要素 | 评分标准 | 得分 | 备注 |
| --- | --- | --- | --- | --- | --- |
| 安装接线工艺要求 | 30 | ①按图接线<br>②布线符合要求<br>③采用板前配线<br>④接点牢固<br>⑤导线弯角成90°<br>⑥不损伤导线、元件<br>⑦各方向上要互相垂直或平行、导线排列平整、美观 | ①不按图接线－5分<br>②主电路、控制电路布线错误－5分<br>③未采用板前配线－5分<br>④接点松动、露铜过长(从外沿计算,大于1mm)、压绝缘层、反圈,每处－1分<br>⑤布线弯角不接近90°,每处－1分<br>⑥损伤导线绝缘或线芯、损坏元件每处(件)－1分<br>⑦布线有明显交叉,每处－1分,整体布线较乱－5分 | | |
| 检查测量 | 10 | ①检查电源是否正常<br>②检查主电路、控制电路连接是否正确 | ①上电前未检查电源电压是否符合要求－5分,未检查熔断器－3分,未采用防护措施－5分<br>②未检查主、控制电路连接是否正确－5分 | | |
| 通电试车 | 30 | 能实现任务要求的控制 | 不能正常运行－30分 | | |
| 安全文明生产 | | ①能遵守国家或企业、实训室有关安全规定<br>②能在规定的时间内完成 | ①每违反一项规定,从总分中－5分,严重违规者停止操作<br>②每超时1min－5分(提前完成不加分;超时3min停止操作) | | |
| 合计 | 100 | | | | |

**【问题讨论】**

(1) 在安装完电路以后，出现主电路短路的原因可能有哪些？采用哪些方法可以减少短路的可能？

(2) 检查测量时，若用导线同时短接KM1、KM2的自锁触点，万用表的读数应为多少？

(3) 只具有电气互锁的正反转控制电路能否实现由正转到反转的直接过渡？

(4) 在只具有电气互锁的正反转控制电路中，进入按钮盒的导线最少是几根？

# 第七张 具有双重互锁的正反转控制线路的装接

**【任务描述】**

某生产设备由一台三相笼型异步电动机拖动。根据生产设备的具体工作情况，要求该电动机应能实现由正转（反转）到反转（正转）的直接过渡、连续运行，具有短路保护、过载保护、欠（失）压保护功能，并能远距离频繁操作。

试完成该电动机控制线路的正确装接。

**【控制方案】**

根据本任务的任务描述和控制要求，宜选择具有双重互锁的正、反转控制方式。

**【实训目的】**

(1) 能根据控制要求绘制具有双重互锁的正、反转控制原理图。

(2) 能掌握具有双重互锁的正、反转控制工作原理。

（3）能完成具有双重互锁的正、反转控制原理图的节点标注。

（4）能根据标注的原理图绘制出安装接线图。

（5）能根据安装接线图独立完成接线。

（6）能根据原理图检测控制电路接线是否正确，分析出现故障的原因及可能。

（7）能根据安装接线图确定故障的位置，并进行维修。

【任务实施】

## 一、工具及器材

（1）工具：万用表以及螺钉旋具（一字、十字）、剥线钳、尖嘴钳、钢丝钳等常用接线工具；

（2）器材：动力电源、带漏电保护低压断路器1个、熔断器5个、接触器2个、热继电器1个、三联按钮1个、电动机1台、导线若干。

## 二、实施步骤

（1）绘制原理图、标注节点号码，如图2-13所示。

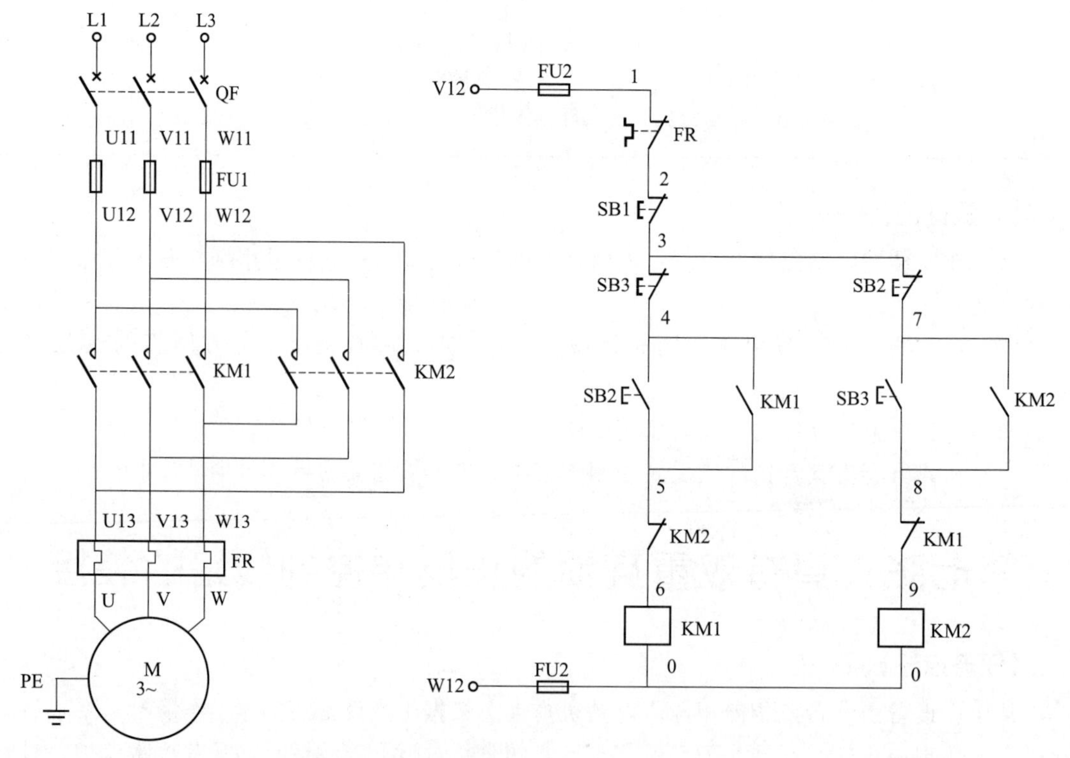


图2-13 具有双重互锁的正反转控制原理图

（2）熟悉电路中各设备的作用。

（3）分析工作原理。

① 工作原理

a. 正向启动 合上电源开关QF，按下正转启动按钮SB2：

SB2常闭触点断开→断开了反向接触器KM2线圈通电路径。

SB2常开触点闭合→正向接触器KM1线圈通电→KM1所有触点动作：

KM1主触点闭合→电动机M正向启动；

KM1（4-5）常开辅助触点闭合→自锁；

KM1（8-9）常闭辅助触点断开→电气互锁。

b. 反向启动　按下反转启动按钮 SB3：

SB3 常闭触点断开→KM1 线圈断电→KM1 所有触点复位：

KM1 主触点断开→M 断电；

KM1（4-5）常开辅助触点断开→解除自锁；

KM1（8-9）常闭辅助触点闭合→解除互锁。

SB3 常开触点闭合→反向接触器 KM2 线圈通电→KM2 所有触点动作：

KM2 主触点闭合→M 反向启动；

KM2（7-8）常开辅助触点闭合→自锁；

KM2（5-6）常闭辅助触点断开→电气互锁。

c. 停止　按下停止按钮 SB1→KM1（或 KM2）线圈断电→KM1（或 KM2）所有触点复位→M 断电。

该控制由于既有"电气互锁"，又有由复式按钮的常闭触点组成的"机械互锁"，故称为"双重互锁"，可实现电动机由正（反）转到反（正）转的直接过渡。

② 实现保护

a. 短路保护　主电路和控制电路的短路保护分别由熔断器 FU1、FU2 实现。

b. 过载保护　由热继电器 FR 实现。

c. 欠（失）压保护　由接触器 KM1、KM2 实现。

d. 双重互锁保护　由复合按钮 SB1、SB2 的常闭触点和接触器 KM1、KM2 的常闭辅助触点实现。

（4）绘制安装接线图，如图 2-14 所示。

① 连接主电路：外部三相交流电源→端子排的 L1、L2、L3 端→低压断路器 QF 的 L1、L2、L3 端，低压断路器 QF 的 U11、V11、W11 端→主熔断器 FU1 的 U11、V11、W11 端，主熔断器 FU1 的 U12、V12、W12 端→接触器 KM1 主触点的一侧接线端子 U12、V12、W12，接触器 KM1 主触点的另一侧接线端子 U13、V13、W13→热继电器 FR 热元件的一侧接线端子 U13、V13、W13，热继电器 FR 热元件的另一侧接线端子 U、V、W→端子排的 U、V、W 端→电动机的 U、V、W 端。

接触器 KM1 主触点的一侧接线端子 U12、V12、W12→接触器 KM2 主触点一侧的接线端子 U12、V12、W12，接触器 KM1 主触点的另一侧接线端子 U13、V13、W13→接触器 KM2 主触点的另一侧接线端子 U13、V13、W13，注意相序。

② 连接控制电路：主熔断器 FU1 的 V12 端（或接触器 KM1、KM2 主触点的 V12 端）→控制回路熔断器 FU2 的 V12 端，熔断器 FU2 的 1 端→热继电器 FR 常闭触点的 1 端，热继电器 FR 常闭触点的 2 端→端子排的 2 端→按钮 SB1 常闭触点的 2 端，按钮 SB1 常闭触点的 3 端→按钮 SB3 常闭触点的 3 端，按钮 SB3 常闭触点的 4 端→按钮 SB2 常开触点的 4 端，按钮 SB2 常开触点的 5 端→端子排的 5 端→接触器 KM2 常闭辅助触点的 5 端，接触器 KM2 常闭辅助触点的 6 端→接触器 KM1 线圈的 6 端，接触器 KM1 线圈的 0 端→熔断器 FU2 的 0 端，熔断器 FU2 的 W12 端→主熔断器 FU1 的 W12 端（或接触器 KM1、KM2 主触点的 W12 端）。

按钮 SB3 常闭触点的 4 端（或按钮 SB2 常开触点的 4 端）→端子排的 4 端→接触器

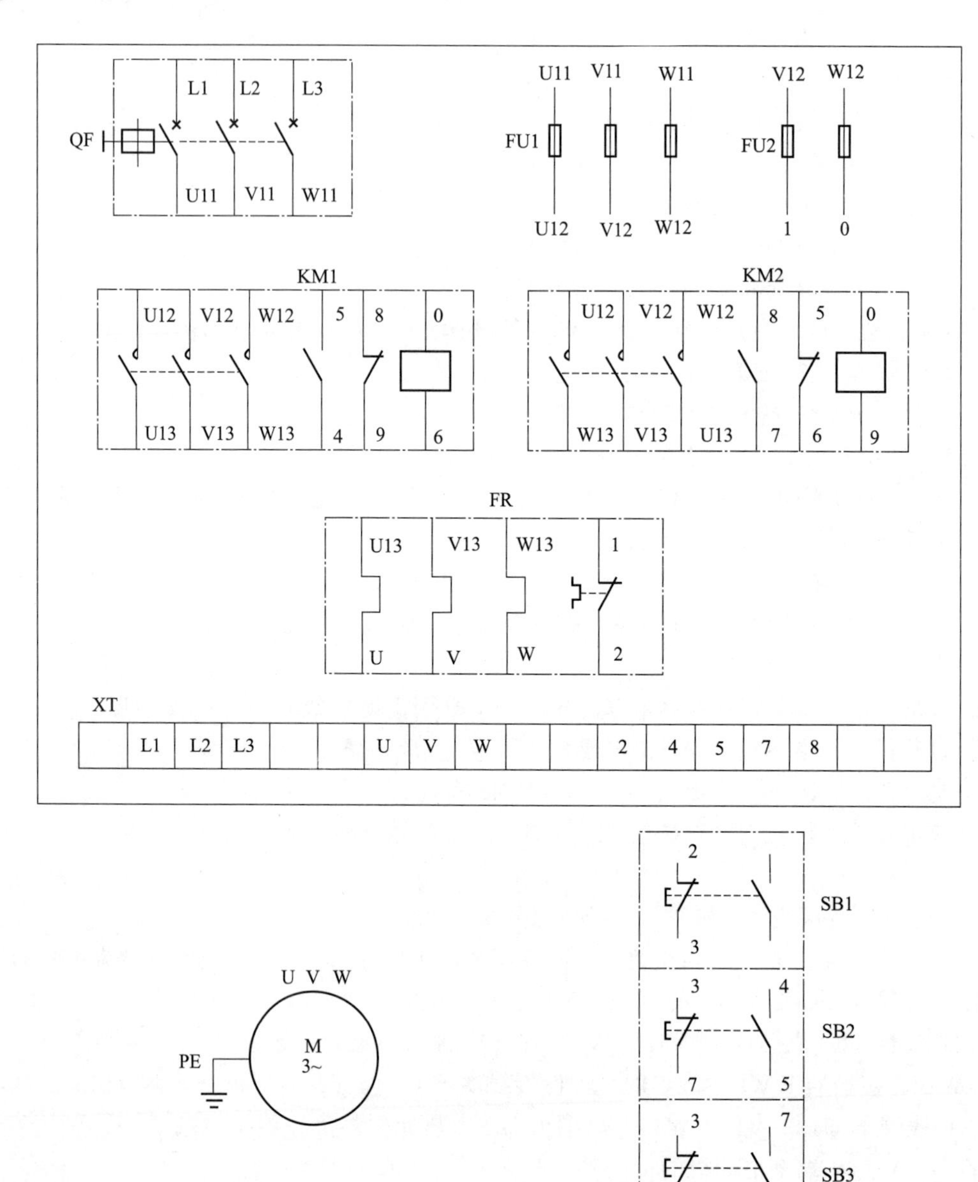


图 2-14　具有双重互锁的正反转控制安装接线图

KM1 常开辅助触点的 4 端，接触器 KM1 常开辅助触点的 5 端→接触器 KM2 常闭辅助触点的 5 端。

按钮 SB1 常闭触点的 3 端（或按钮 SB3 常闭触点的 3 端）→按钮 SB2 常闭触点的 3 端，按钮 SB2 常闭触点的 7 端→按钮 SB3 常开触点的 7 端，按钮 SB3 常开触点的 8 端→端子排的 8 端→接触器 KM1 常闭辅助触点的 8 端，接触器 KM1 常闭辅助触点的 9 端→接触器 KM2 线圈的 9 端，接触器 KM2 线圈的 0 端→接触器 KM1 线圈的 0 端。

按钮 SB2 常闭触点的 7 端（或按钮 SB3 常开触点的 7 端）→端子排的 7 端→接触器 KM2 常开辅助触点的 7 端，接触器 KM2 常开辅助触点的 8 端→接触器 KM1 常闭辅助触点的 8 端。

（5）检查器件。

① 用万用表或目视检查元件数量、质量；

② 测量接触器线圈阻抗，为检测控制电路接线是否正确做准备。

（6）固定控制设备并完成接线。根据元件布置图固定控制设备、根据安装接线图完成接线。

① 注意事项

a. 接线前断开电源。

b. 初学者应按主电路、控制电路的先后顺序，由上至下、由左至右依次连接。

c. 端子排至电动机的线路暂不连接。

d. 为了使导线长度尽可能短、导线数量尽可能少、导线连接尽可能美观方便，除了电源开关 QF 的进线端、出线端不可互换外，其他电器，如熔断器的进出端、接触器主（辅）触点的进出端、接触器线圈的进出端、热继电器热元件的进出端、热继电器常闭触点的进出端、按钮的进出端等均可互换，只是在接线过程中必须记住哪个端子被指定为进线端，哪个端子被指定为出线端。

② 工艺要求

a. 布线通道尽可能少、导线长度尽可能短、导线数量尽可能少。

b. 同路并行导线按主电路、控制电路分类集中，单层密排，紧贴安装面布线。

c. 同一平面的导线应高低一致或前后一致，走线合理，不能交叉或架空。

d. 对螺栓式接点，导线按顺时针方向弯圈；对压片式接点，导线可直接插入压紧；不能压绝缘层、也不能露铜过长。

e. 布线应横平竖直，分布均匀，变换走向时应垂直。

f. 严禁损坏导线绝缘和线芯。

g. 一个接线端子上的连接导线不宜多于两根。

h. 进出线应合理汇集在端子排上。

（7）检查测量。

① 电源电压　用万用表测量电源电压是否正常。

② 主电路　断开电源进线开关 QF，用手按下接触器衔铁代替接触器通电吸合，检查测量主电路连接是否正确、是否有短路、开路点。

③ 控制电路　用万用表检测控制电路时，必须选用能准确显示线圈阻值的电阻挡并校零，以防止误判。

a. 保持电源进线开关 QF 处于断开状态，万用表表笔搭接在控制电路电源的两端（1、0 端），读数应为∞；

b. 按下正（反）向启动按钮 SB2（SB3），或者短接 KM1（4-5）[KM2(7-8)]，读数应为接触器 KM1（KM2）线圈的阻值；

c. 在按下正（反）向启动按钮 SB2（SB3），或者短接 KM1（4-5）[KM2(7-8)]的同时，按下停止按钮 SB1，或者断开热继电器 FR 的常闭触点，读数均应为∞；

d. 同时按下正、反向启动按钮 SB2、SB3，读数应为∞。

（8）通电试车。

① 检查确定无误以后准备通电，提醒同组人员注意安全。

② 无载试车。断开一个接触器一侧主触点的接线。

a. 合上电源进线开关 QF，按下正（反）向启动按钮 SB2（SB3），接触器 KM1（KM2）应吸合；松开正（反）向启动按钮 SB2（SB3），接触器 KM1（KM2）应保持吸合；

b. 在按下正（反）向启动按钮 SB2（SB3），接触器 KM1（KM2）吸合以后，按下反（正）向启动按钮 SB3（SB2），接触器 KM1（KM2）应断电释放，同时接触器 KM2（KM1）应吸合；

c. 按下停止按钮 SB1，接触器 KM1 或 KM2 应释放。

③ 有载试车。断开电源进线开关 QF，连接断开的接触器一侧主触点接线，同时连接电动机。

a. 合上电源进线开关 QF，按下正（反）向启动按钮 SB2（SB3），电动机应正（反）向旋转；松开正（反）向启动按钮 SB2（SB3），电动机应保持正（反）向旋转；

b. 直接按下反（正）向启动按钮 SB3（SB2），电动机应反（正）向旋转；松开反（正）向启动按钮 SB3（SB2），电动机应保持反（正）向旋转；

c. 在电动机正（反）转的同时，按下停止按钮 SB1，电动机应断电惯性停止。

**【链接 15】** 双重互锁的正反转控制

## 【学习评价】

填写“具有双重互锁的正反转控制安装接线评价表”（见表 2-7），操作时间：100min。

**表 2-7 具有双重互锁的正反转控制安装接线评价表**

| 项目 | 配分 | 评分要素 | 评分标准 | 得分 | 备注 |
|---|---|---|---|---|---|
| 准备 | 5 | 准备万用表、接线工具 | 每少准备一件－1 分(扣满为止,下同) | | |
| 绘图识图 | 10 | ①能绘制原理图并标注节点<br>②能说明工作原理、保护<br>③能绘制元件布置图、安装接线图 | ①不能绘制原理图并完成节点标注－5 分<br>②不能说明工作原理、保护－5 分<br>③不能绘制元件布置图、安装接线图－5 分 | | |
| 选择器材 | 10 | ①能合理选择所需器件<br>②能合理选择导线 | ①不能合理选择器件,每件－2 分<br>②不能合理选择导线－2 分 | | |
| 查测元件 | 5 | ①检查元件数量、质量<br>②测量线圈阻抗 | ①未检查元件数量、质量,每件－2 分<br>②未测量线圈阻抗－2 分 | | |
| 安装接线工艺要求 | 30 | ①按图接线<br>②布线符合要求<br>③采用板前配线<br>④接点牢固<br>⑤导线弯角成 90°<br>⑥不损伤导线、元件<br>⑦各方向上要互相垂直或平行、导线排列平整、美观 | ①不按图接线－5 分<br>②主电路、控制电路布线错误－5 分<br>③未采用板前配线－5 分<br>④接点松动、露铜过长(从外沿计算,大于 1mm)、压绝缘层、反圈,每处－1 分<br>⑤布线弯角不接近 90°,每处－1 分<br>⑥损伤导线绝缘或线芯、损坏元件每处(件)－1 分<br>⑦布线有明显交叉,每处－1 分,整体布线较乱－5 分 | | |
| 检查测量 | 10 | ①检查电源是否正常<br>②检查主电路、控制电路连接是否正确 | ①上电前未检查电源电压是否符合要求－5 分,未检查熔断器－3 分,未采用防护措施－5 分<br>②未检查主、控制电路连接是否正确－5 分 | | |

续表

| 项目 | 配分 | 评分要素 | 评分标准 | 得分 | 备注 |
| --- | --- | --- | --- | --- | --- |
| 通电试车 | 30 | 能实现任务要求的控制 | 不能正常运行－30分 | | |
| 安全文明生产 | | ①能遵守国家或企业、实训室有关安全规定<br>②能在规定的时间内完成 | ①每违反一项规定，从总分中－5分，严重违规者停止操作<br>②每超时1min－5分（提前完成不加分；超时3min停止操作） | | |
| 合计 | 100 | | | | |

【问题讨论】

（1）检查测量时，若用导线同时短接KM1、KM2的自锁触点，万用表的读数应为多少？同时按下SB2、SB3，万用表的读数应为多少？

（2）双重互锁的正反转控制电路能否实现由正转到反转的直接过渡？

（3）在双重互锁的正反转控制电路中，进入按钮盒的导线最少是几根？

# 第八节 具有限位保护的正反转控制线路的装接

【任务描述】

某生产设备由一台三相笼型异步电动机拖动。根据生产设备的具体工作情况，要求该电动机应能实现由正转（反转）到反转（正转）的直接过渡、连续运行，具有短路保护、过载保护、欠（失）压保护、终端限位保护功能，并能远距离频繁操作。

试完成该电动机控制线路的正确装接。

【控制方案】

根据本任务的任务描述和控制要求，宜选择具有限位保护的双重互锁的正、反转控制方式。

【实训目的】

（1）能根据控制要求绘制具有限位保护的双重互锁的正、反转控制原理图。

（2）能掌握具有限位保护的双重互锁的正、反转控制工作原理。

（3）能完成具有限位保护的双重互锁的正、反转控制原理图的节点标注。

（4）能根据标注的原理图绘制出安装接线图。

（5）能根据安装接线图独立完成接线。

（6）能根据原理图检测控制电路接线是否正确，分析出现故障的原因及可能。

（7）能根据安装接线图确定故障的位置，并进行维修。

【任务实施】

## 一、工具及器材

（1）工具：万用表以及螺钉旋具（一字、十字）、剥线钳、尖嘴钳、钢丝钳等常用接线工具；

（2）器材：动力电源、刀开关1个、熔断器5个、接触器2个、热继电器1个、三联按钮1个、行程开关2个、电动机1台、导线若干。

【链接 16】 刀开关

【链接 17】 行程开关

## 二、实施步骤

(1) 绘制原理图、标注节点号码，如图 2-15 所示。

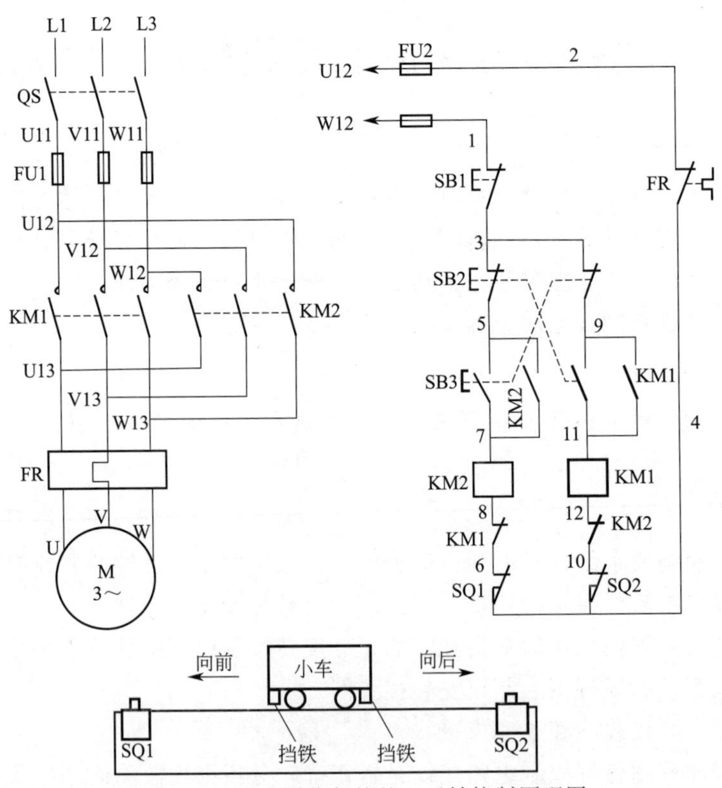

图 2-15 具有限位保护的正反转控制原理图

(2) 熟悉电路中各设备的作用。

(3) 分析工作原理。

① 工作原理

a. 正向启动 合上电源开关 QS，按下正转启动按钮 SB2：

SB2 常闭触点断开→断开了反向接触器 KM2 线圈通电路径。

SB2 常开触点闭合→正向接触器 KM1 线圈通电→KM1 所有触点动作：

KM1 主触点闭合→电动机 M 正向启动；

KM1（9-11）常开辅助触点闭合→自锁；

KM1（8-6）常闭辅助触点断开→电气互锁。

b. 反向启动　按下反转启动按钮 SB3：

SB3 常闭触点断开→KM1 线圈断电→KM1 所有触点复位：

KM1 主触点断开→M 断电；

KM1（9-11）常开辅助触点断开→解除自锁；

KM1（8-6）常闭辅助触点闭合→解除互锁。

SB3 常开触点闭合→反向接触器 KM2 线圈通电→KM2 所有触点动作：

KM2 主触点闭合→M 反向启动；

KM2（5-7）常开辅助触点闭合→自锁；

KM2（12-10）常闭辅助触点断开→电气互锁。

c. 停止　按下停止按钮 SB1→KM1（或 KM2）线圈断电→KM1（或 KM2）所有触点复位→M 断电。

d. 限位保护　工作台正向（反向）运行到达终点触碰行程开关 SQ2（SQ1）→SQ2（SQ1）的常闭触点断开→接触器 KM1（KM2）线圈断电→电动机 M 停止运行。

② 实现保护

a. 短路保护　主电路和控制电路的短路保护分别由熔断器 FU1、FU2 实现。

b. 过载保护　由热继电器 FR 实现。

c. 欠（失）压保护　由接触器 KM1、KM2 实现。

d. 双重互锁保护　由复合按钮 SB1、SB2 的常闭触点和接触器 KM1、KM2 的常闭辅助触点实现。

e. 终端限位保护　由 SQ1、SQ2 实现。

（4）绘制安装接线图，如图 2-16 所示。

① 连接主电路：外部三相交流电源→端子排的 L1、L2、L3 端→刀开关 QS 的 L1、L2、L3 端，刀开关 QS 的 U11、V11、W11 端→主熔断器 FU1 的 U11、V11、W11 端，主熔断器 FU1 的 U12、V12、W12 端→接触器 KM1 主触点的一侧接线端子 U12、V12、W12，接触器 KM1 主触点的另一侧接线端子 U13、V13、W13→热继电器 FR 热元件的一侧接线端子 U13、V13、W13，热继电器 FR 热元件的另一侧接线端子 U、V、W→端子排的 U、V、W 端→电动机的 U、V、W 端。

接触器 KM1 主触点的一侧接线端子 U12、V12、W12→接触器 KM2 主触点的一侧接线端子 U12、V12、W12，接触器 KM1 主触点的另一侧接线端子 U13、V13、W13→接触器 KM2 主触点的另一侧接线端子 U13、V13、W13，注意相序。

② 连接控制电路：主熔断器 FU1 的 W12 端（或接触器 KM1、KM2 主触点的 W12 端）→控制回路熔断器 FU2 的 W12 端，熔断器 FU2 的 1 端→端子排的 1 端→按钮 SB1 常闭触点的 1 端，按钮 SB1 常闭触点的 3 端→按钮 SB2 常闭触点的 3 端，按钮 SB2 常闭触点的 5 端→按钮 SB3 常开触点的 5 端，按钮 SB3 常开触点的 7 端→端子排的 7 端→接触器 KM2 线圈的 7 端，接触器 KM2 线圈的 8 端→接触器 KM1 常闭辅助触点的 8 端，接触器 KM1 常闭辅助触点的 6 端→端子排的 6 端→行程开关 SQ1 常闭触点的 6 端，行程开关 SQ1 常闭触点的 4 端→端子排的 4 端→热继电器 FR 常闭触点的 4 端，热继电器 FR 常闭触点的 2 端→熔

断器 FU2 的 2 端，熔断器 FU2 的 U12 端→主熔断器 FU1 的 U12 端（或接触器 KM1、KM2 主触点的 U12 端）。

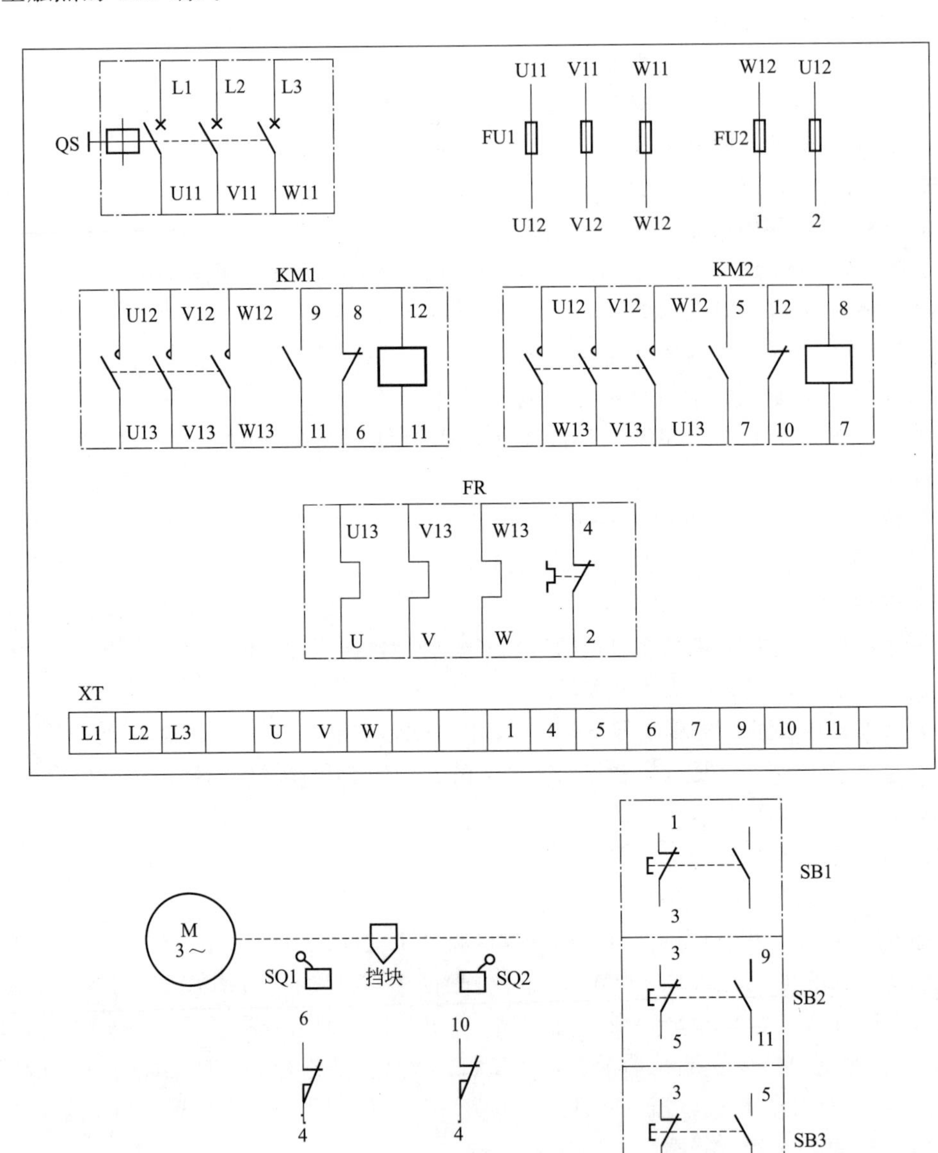


图 2-16　具有限位保护的正反转控制安装接线图

按钮 SB2 常闭触点的 5 端（或按钮 SB3 常开触点的 5 端）→端子排的 5 端→接触器 KM2 常开辅助触点的 5 端，接触器 KM2 常开辅助触点的 7 端→接触器 KM2 线圈的 7 端。

按钮 SB1 常闭触点的 3 端（或按钮 SB2 常闭触点的 3 端）→按钮 SB3 常闭触点的 3 端，按钮 SB3 常闭触点的 9 端→按钮 SB2 常开触点的 9 端，按钮 SB2 常开触点的 11 端→端子排的 11 端→接触器 KM1 线圈的 11 端，接触器 KM1 线圈的 12 端→接触器 KM2 常闭辅助触点的 12 端，接触器 KM2 常闭辅助触点的 10 端→端子排的 10 端→行程开关 SQ2 常闭触点的 10 端，行程开关 SQ2 常闭触点的 4 端→端子排的 4 端。

按钮SB3常闭触点的9端（或按钮SB2常开触点的9端）→端子排的9端→接触器KM1常开辅助触点的9端，接触器KM1常开辅助触点的11端→接触器KM1线圈的11端。

（5）检查器件。

① 用万用表或目视检查元件数量、质量；

② 测量接触器线圈阻抗，为检测控制电路接线是否正确做准备。

（6）固定控制设备并完成接线。根据元件布置图固定控制设备、根据安装接线图完成接线。

① 注意事项

a. 接线前断开电源。

b. 初学者应按主电路、控制电路的先后顺序，由上至下、由左至右依次连接。

c. 端子排至电动机的线路暂不连接。

d. 为了使导线长度尽可能短、导线数量尽可能少、导线连接尽可能美观方便，除了电源开关QS的进线端、出线端不可互换外，其他电器，如熔断器的进出端、接触器主（辅）触点的进出端、接触器线圈的进出端、热继电器热元件的进出端、热继电器常闭触点的进出端、按钮的进出端、行程开关触点的进出端等均可互换，只是在接线过程中必须记住哪个端子被指定为进线端，哪个端子被指定为出线端。

② 工艺要求

a. 布线通道尽可能少、导线长度尽可能短、导线数量尽可能少。

b. 同路并行导线按主电路、控制电路分类集中，单层密排，紧贴安装面布线。

c. 同一平面的导线应高低一致或前后一致，走线合理，不能交叉或架空。

d. 对螺栓式接点，导线按顺时针方向弯圈；对压片式接点，导线可直接插入压紧；不能压绝缘层、也不能露铜过长。

e. 布线应横平竖直，分布均匀，变换走向时应垂直。

f. 严禁损坏导线绝缘和线芯。

g. 一个接线端子上的连接导线不宜多于两根。

h. 进出线应合理汇集在端子排上。

（7）检查测量。

① 电源电压　用万用表测量电源电压是否正常。

② 主电路　断开电源进线开关QS，用手按下接触器衔铁代替接触器通电吸合，检查测量主电路连接是否正确、是否有短路、开路点。

③ 控制电路　用万用表检测控制电路时，必须选用能准确显示线圈阻值的电阻挡并校零，以防止误判。

a. 保持电源进线开关QS处于断开状态，万用表表笔搭接在控制电路电源的两端（1、2端），读数应为∞；

b. 按下正（反）向启动按钮SB2（SB3），或者短接KM1（9-11）[KM2（5-7）]，读数应为接触器KM1（KM2）线圈的阻值；

c. 在按下正（反）向启动按钮SB2（SB3），或者短接KM1（9-11）[KM2（5-7）]的同时，按下停止按钮SB1，或者断开热继电器FR的常闭触点，读数均应为∞；

d. 同时按下正、反向启动按钮SB2、SB3，读数应为∞；

e. 在按下正（反）向启动按钮SB2（SB3），或者短接KM1（9-11）[KM2（5-7）]的同

时，压下行程开关 SQ2（SQ1），读数均应为∞。

（8）通电试车。

① 检查确定无误以后准备通电，提醒同组人员注意安全。

② 无载试车。断开一个接触器一侧主触点的接线。

a. 合上电源进线开关 QS，按下正（反）向启动按钮 SB2（SB3），接触器 KM1（KM2）应吸合；松开正（反）向启动按钮 SB2（SB3），接触器 KM1（KM2）应保持吸合；

b. 在按下正（反）向启动按钮 SB2（SB3），接触器 KM1（KM2）吸合以后，按下反（正）向启动按钮 SB3（SB2），接触器 KM1（KM2）应断电释放，同时接触器 KM2（KM1）应吸合；

c. 在按下正（反）向启动按钮 SB2（SB3），接触器 KM1（KM2）吸合以后，压下行程开关 SQ2（SQ1），接触器 KM1（KM2）应断电释放；

d. 在按下正（反）向启动按钮 SB2（SB3），接触器 KM1（KM2）吸合以后，按下停止按钮 SB1，接触器 KM1 或 KM2 应释放。

③ 有载试车。断开电源进线开关 QS，连接断开的接触器一侧主触点接线，同时连接电动机。

a. 合上电源进线开关 QS，按下正（反）向启动按钮 SB2（SB3），电动机应正（反）向旋转；松开正（反）向启动按钮 SB2（SB3），电动机应保持正（反）向旋转；

b. 直接按下反（正）向启动按钮 SB3（SB2），电动机应反（正）向旋转；松开反（正）向启动按钮 SB3（SB2），电动机应保持反（正）向旋转；

c. 在按下正（反）向启动按钮 SB2（SB3），电动机正（反）转的同时，压下行程开关 SQ2（SQ1），电动机应断电惯性停止；

d. 在电动机正（反）转的同时，按下停止按钮 SB1，电动机应断电惯性停止。

**【链接 18】** 具有限位保护的正反转控制

## 【学习评价】

填写“具有限位保护的正反转控制安装接线评价表”（见表 2-8），操作时间：100min。

**表 2-8 具有限位保护的正反转控制安装接线评价表**

| 项目 | 配分 | 评分要素 | 评分标准 | 得分 | 备注 |
|---|---|---|---|---|---|
| 准备 | 5 | 准备万用表、接线工具 | 每少准备一件－1 分（扣满为止，下同） | | |
| 绘图识图 | 10 | ①能绘制原理图并标注节点<br>②能说明工作原理、保护<br>③能绘制元件布置图、安装接线图 | ①不能绘制原理图并完成节点标注－5 分<br>②不能说明工作原理、保护－5 分<br>③不能绘制元件布置图、安装接线图－5 分 | | |
| 选择器材 | 10 | ①能合理选择所需器件<br>②能合理选择导线 | ①不能合理选择器件，每件－2 分<br>②不能合理选择导线－2 分 | | |
| 查测元件 | 5 | ①检查元件数量、质量<br>②测量线圈阻抗 | ①未检查元件数量、质量，每件－2 分<br>②未测量线圈阻抗－2 分 | | |

续表

| 项目 | 配分 | 评分要素 | 评分标准 | 得分 | 备注 |
| --- | --- | --- | --- | --- | --- |
| 安装接线工艺要求 | 30 | ①按图接线<br>②布线符合要求<br>③采用板前配线<br>④接点牢固<br>⑤导线弯角成90°<br>⑥不损伤导线、元件<br>⑦各方向上要互相垂直或平行、导线排列平整、美观 | ①不按图接线－5分<br>②主电路、控制电路布线错误－5分<br>③未采用板前配线－5分<br>④接点松动、露铜过长(从外沿计算,大于1mm)、压绝缘层、反圈,每处－1分<br>⑤布线弯角不接近90°,每处－1分<br>⑥损伤导线绝缘或线芯、损坏元件每处(件)－1分<br>⑦布线有明显交叉,每处－1分,整体布线较乱－5分 | | |
| 检查测量 | 10 | ①检查电源是否正常<br>②检查主电路、控制电路连接是否正确 | ①上电前未检查电源电压是否符合要求－5分,未检查熔断器－3分,未采用防护措施－5分<br>②未检查主、控制电路连接是否正确－5分 | | |
| 通电试车 | 30 | 能实现任务要求的控制 | 不能正常运行－30分 | | |
| 安全文明生产 | | ①能遵守国家或企业、实训室有关安全规定<br>②能在规定的时间内完成 | ①每违反一项规定,从总分中－5分,严重违规者停止操作<br>②每超时1min－5分(提前完成不加分;超时3min停止操作) | | |
| 合计 | 100 | | | | |

【问题讨论】

(1) 设置限位保护的目的是什么?

(2) 端子排上控制回路导线最少是几根?

# 第九节 具有限位保护的自动往复循环控制线路的装接

【任务描述】

某生产设备由一台三相笼型异步电动机拖动。根据生产设备的具体工作情况，要求该电动机应能自动实现正反转、连续运行，具有短路保护、过载保护、欠（失）压保护、终端限位保护功能，并能远距离频繁操作。

试完成该电动机控制线路的正确装接。

【控制方案】

根据本任务的任务描述和控制要求，宜选择具有限位保护的自动往复循环控制方式。

【实训目的】

(1) 能根据控制要求绘制具有限位保护的自动往复循环控制原理图。

(2) 能掌握具有限位保护的自动往复循环控制工作原理。

(3) 能完成具有限位保护的自动往复循环控制原理图的节点标注。

(4) 能根据标注的原理图绘制出安装接线图。

(5) 能根据安装接线图独立完成接线。

(6) 能根据原理图检测控制电路接线是否正确，分析出现故障的原因及可能。

(7) 能根据安装接线图确定故障的位置，并进行维修。

【任务实施】

## 一、工具及器材

(1) 工具：万用表以及螺钉旋具（一字、十字）、剥线钳、尖嘴钳、钢丝钳等常用接线工具；

(2) 器材：动力电源、电源开关 1 个、熔断器 5 个、接触器 2 个、热继电器 1 个、三联按钮 1 个、行程开关 4 个、电动机 1 台、导线若干。

## 二、实施步骤

(1) 绘制原理图、标注节点号码，如图 2-17 所示。

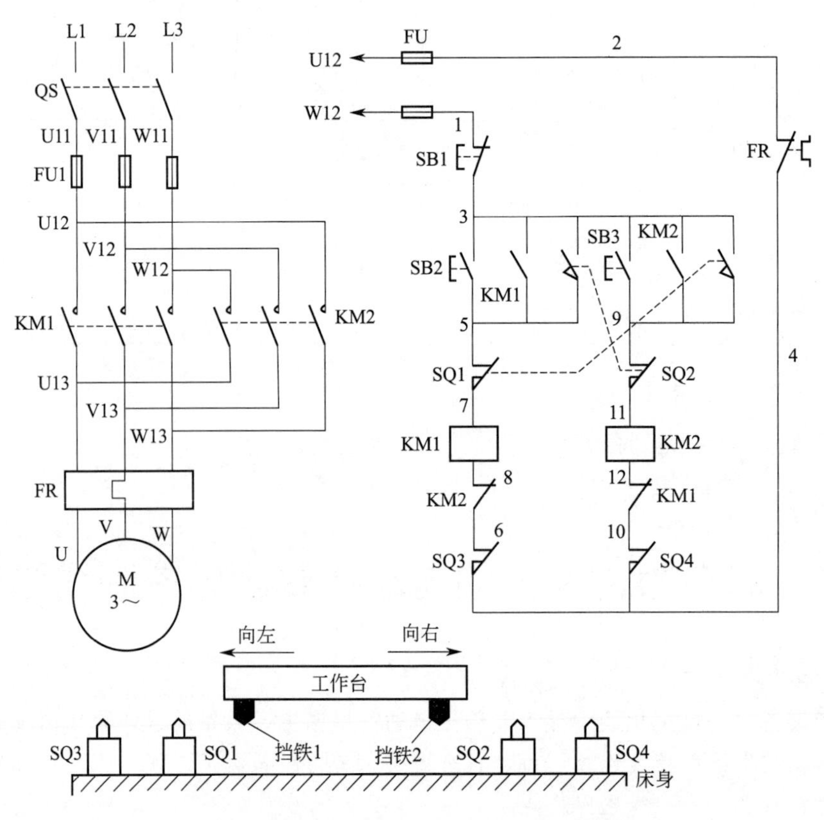


图 2-17 具有限位保护的自动往复循环控制原理图

(2) 熟悉电路中各设备的作用。

(3) 分析工作原理。

① 工作原理

a. 启动　合上电源开关 QS，按下启动按钮 SB2（SB3）→接触器 KM1（KM2）线圈通电→KM1（KM2）所有触点动作：

KM1（KM2）主触点闭合→电动机 M 正向（反向）启动；

KM1（KM2）常开辅助触点闭合→自锁；

KM1（KM2）常闭辅助触点断开→互锁。

b. 自动往复循环　当工作台向左（向右）运动触碰行程开关 SQ1（SQ2）→SQ1（SQ2）所有触点均动作：

SQ1（SQ2）常闭触点断开→接触器 KM1（KM2）线圈断电→KM1（KM2）所有触点复位。

SQ1（SQ2）常开触点闭合→接触器 KM2（KM1）线圈通电→KM2（KM1）所有触点动作：

KM2（KM1）主触点闭合→电动机 M 反向（正向）启动；

KM2（KM1）常开辅助触点闭合→自锁；

KM2（KM1）常闭辅助触点断开→互锁。

c. 停止　按下停止按钮 SB1→KM1（或 KM2）线圈断电→KM1（或 KM2）所有触点复位→M 断电。

d. 限位保护　工作台向左（向右）运动到达终点触碰行程开关 SQ1（SQ2），若行程开关 SQ1（SQ2）拒动，则工作台将沿原方向继续运动触碰行程开关 SQ3（SQ4）→SQ3（SQ4）的常闭触点断开→接触器 KM1（KM2）线圈断电→工作台向左（向右）运动停止。

② 实现保护

a. 短路保护　主电路和控制电路的短路保护分别由熔断器 FU1、FU2 实现。

b. 过载保护　由热继电器 FR 实现。

c. 欠（失）压保护　由接触器 KM1、KM2 实现。

d. 终端限位保护　由 SQ3、SQ4 实现。

（4）绘制安装接线图，如图 2-18 所示。

① 连接主电路：外部三相交流电源→端子排的 L1、L2、L3 端→刀开关 QS 的 L1、L2、L3 端，刀开关 QS 的 U11、V11、W11 端→主熔断器 FU1 的 U11、V11、W11 端，主熔断器 FU1 的 U12、V12、W12 端→接触器 KM1 主触点的一侧接线端子 U12、V12、W12，接触器 KM1 主触点的另一侧接线端子 U13、V13、W13→热继电器 FR 热元件的一侧接线端子 U13、V13、W13，热继电器 FR 热元件的另一侧接线端子 U、V、W→端子排的 U、V、W 端→电动机的 U、V、W 端。

接触器 KM1 主触点的一侧接线端子 U12、V12、W12→接触器 KM2 主触点的一侧接线端子 U12、V12、W12，接触器 KM1 主触点的另一侧接线端子 U13、V13、W13→接触器 KM2 主触点的另一侧接线端子 U13、V13、W13，注意相序。

② 连接控制电路：主熔断器 FU1 的 W12 端（或接触器 KM1、KM2 主触点的 W12 端）→控制回路熔断器 FU2 的 W12 端，熔断器 FU2 的 1 端→端子排的 1 端→按钮 SB1 常闭触点的 1 端，按钮 SB1 常闭触点的 3 端→按钮 SB2 常开触点的 3 端，按钮 SB2 常开触点的 5 端→端子排的 5 端→行程开关 SQ1 常闭触点的 5 端，行程开关 SQ1 常闭触点的 7 端→端子排的 7 端→接触器 KM1 线圈的 7 端，接触器 KM1 线圈的 8 端→接触器 KM2 常闭辅助触点的 8 端，接触器 KM2 常闭辅助触点的 6 端→端子排的 6 端→行程开关 SQ3 常闭触点的 6 端，行程开关 SQ3 常闭触点的 4 端→端子排的 4 端→热继电器 FR 常闭触点的 4 端，热继电器 FR 常闭触点的 2 端→熔断器 FU2 的 2 端，熔断器 FU2 的 U12 端→主熔断器 FU1 的 U12 端（或接触器 KM1、KM2 主触点的 U12 端）。

按钮 SB1 常闭触点的 3 端（或按钮 SB2 常开触点的 3 端）→端子排的 3 端→接触器 KM1 常开辅助触点的 3 端，接触器 KM1 常开辅助触点的 5 端→端子排的 5 端。

端子排的 3 端→行程开关 SQ2 常开触点的 3 端，行程开关 SQ2 常开触点的 5 端→端子排的 5 端。

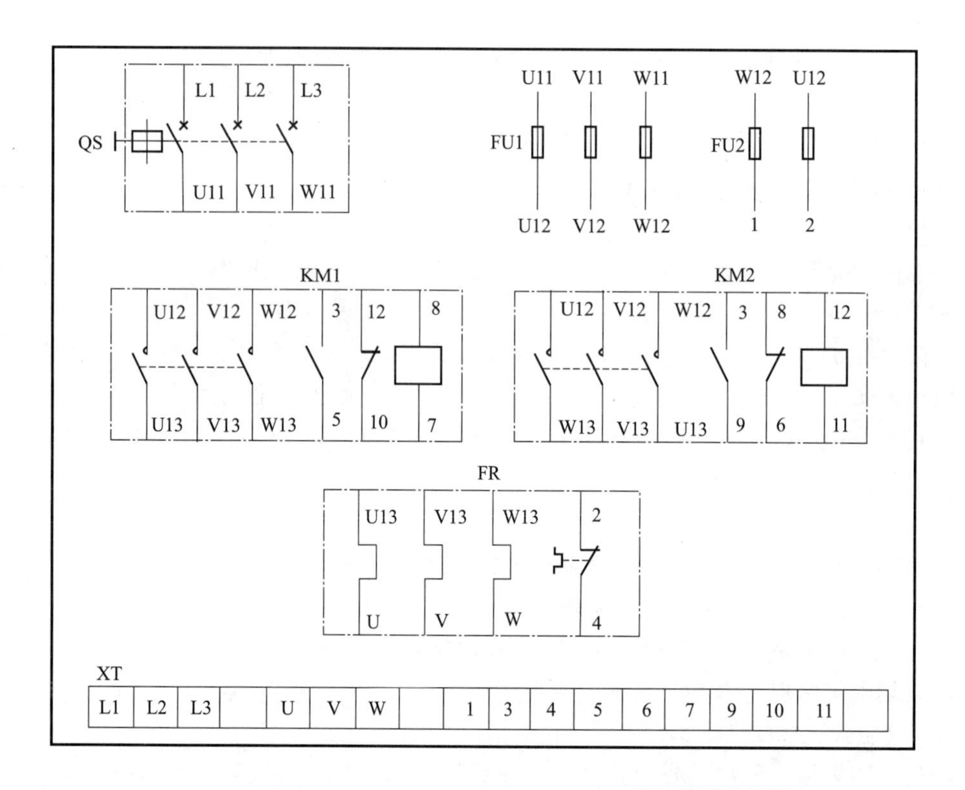


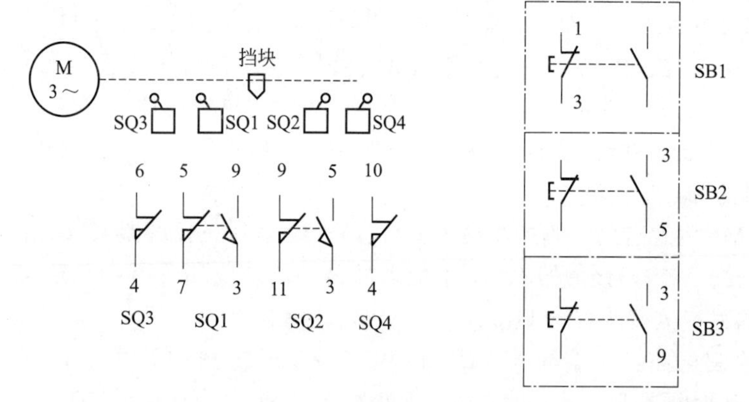


图 2-18　具有限位保护的自动往复循环控制安装接线图

按钮 SB1 常闭触点的 3 端（或按钮 SB2 常开触点的 3 端）→按钮 SB3 常开触点的 3 端，按钮 SB3 常开触点的 9 端→端子排的 9 端→行程开关 SQ2 常闭触点的 9 端，行程开关 SQ2 常闭触点的 11 端→端子排的 11 端→接触器 KM2 线圈的 11 端，接触器 KM2 线圈的 12 端→接触器 KM1 常闭辅助触点的 12 端，接触器 KM1 常闭辅助触点的 10 端→端子排的 10 端→行程开关 SQ4 常闭触点的 10 端，行程开关 SQ4 常闭触点的 4 端→端子排的 4 端。

接触器 KM1 常开辅助触点的 3 端→接触器 KM2 常开辅助触点的 3 端，接触器 KM2 常开辅助触点的 9 端→端子排的 9 端。

端子排的 3 端→行程开关 SQ1 常开触点的 3 端，行程开关 SQ1 常开触点的 9 端→端子排的 9 端。

（5）检查器件。

① 用万用表或目视检查元件数量、质量；

② 测量接触器线圈阻抗，为检测控制电路接线是否正确做准备。

（6）固定控制设备并完成接线。根据元件布置图固定控制设备、根据安装接线图完成接线。

① 注意事项

a. 接线前断开电源。

b. 初学者应按主电路、控制电路的先后顺序，由上至下、由左至右依次连接。

c. 端子排至电动机的线路暂不连接。

d. 为了使导线长度尽可能短、导线数量尽可能少、导线连接尽可能美观方便，除了电源开关 QS 的进线端、出线端不可互换外，其他电器，如熔断器的进出端、接触器主（辅）触点的进出端、接触器线圈的进出端、热继电器热元件的进出端、热继电器常闭触点的进出端、按钮的进出端、行程开关触点的进出端等均可互换，只是在接线过程中必须记住哪个端子被指定为进线端，哪个端子被指定为出线端。

② 工艺要求

a. 布线通道尽可能少、导线长度尽可能短、导线数量尽可能少。

b. 同路并行导线按主电路、控制电路分类集中，单层密排，紧贴安装面布线。

c. 同一平面的导线应高低一致或前后一致，走线合理，不能交叉或架空。

d. 对螺栓式接点，导线按顺时针方向弯圈；对压片式接点，导线可直接插入压紧；不能压绝缘层、也不能露铜过长。

e. 布线应横平竖直，分布均匀，变换走向时应垂直。

f. 严禁损坏导线绝缘和线芯。

g. 一个接线端子上的连接导线不宜多于两根。

h. 进出线应合理汇集在端子排上。

（7）检查测量。

① 电源电压　用万用表测量电源电压是否正常。

② 主电路　断开电源进线开关 QS，用手按下接触器衔铁代替接触器通电吸合，检查测量主电路连接是否正确、是否有短路、开路点。

③ 控制电路　用万用表检测控制电路时，必须选用能准确显示线圈阻值的电阻挡并校零，以防止误判。

a. 保持电源进线开关 QS 处于断开状态，万用表表笔搭接在控制电路电源的两端（1、2 端），读数应为∞；

b. 按下正（反）向启动按钮 SB2（SB3），或者短接 KM1（3-5）[KM2（3-9）]，或者短接 SQ2（3-5）[SQ1（3-5）]，读数应为接触器 KM1（KM2）线圈的阻值；

c. 在按下正（反）向启动按钮 SB2（SB3），或者短接 KM1（3-5）[KM2（3-9）] 的同时，按下 SQ3（SQ4），读数应为∞；

d. 在按下正（反）向启动按钮 SB2（SB3），或者短接 KM1（3-5）[KM2（3-9）] 的同时，按下停止按钮 SB1，或者断开热继电器 FR 的常闭触点，读数均应为∞。

（8）通电试车。

① 检查确定无误以后准备通电，提醒同组人员注意安全。

② 无载试车。断开一个接触器一侧主触点的接线。

a. 合上电源进线开关 QS，按下正（反）向启动按钮 SB2（SB3），接触器 KM1（KM2）应吸合；松开正（反）向启动按钮 SB2（SB3），接触器 KM1（KM2）应保持吸合；

b. 在按下正（反）向启动按钮 SB2（SB3），接触器 KM1（KM2）吸合以后，压下行程开关 SQ1（SQ2），接触器 KM1（KM2）应断电释放，同时接触器 KM2（KM1）应通电吸合；

c. 在按下正（反）向启动按钮 SB2（SB3），接触器 KM1（KM2）吸合以后，压下行程开关 SQ3（SQ4），接触器 KM1（KM2）应断电释放；

d. 在按下正（反）向启动按钮 SB2（SB3），接触器 KM1（KM2）吸合以后，按下停止按钮 SB1，接触器 KM1 或 KM2 应释放。

③ 有载试车。断开电源进线开关 QS，连接断开的接触器一侧主触点接线，同时连接电动机。

a. 合上电源进线开关 QS，按下正（反）向启动按钮 SB2（SB3），电动机应正（反）向旋转；松开正向启动按钮 SB2（SB3），电动机应保持正（反）向旋转；

b. 在按下正（反）向启动按钮 SB2（SB3），电动机正（反）向旋转以后，压下行程开关 SQ1（SQ2），电动机应反（正）向旋；

c. 在按下正（反）向启动按钮 SB2（SB3），电动机正（反）转的同时，压下行程开关 SQ3（SQ4），电动机应断电惯性停止；

d. 在电动机正（反）转的同时，按下停止按钮 SB1，电动机应断电惯性停止。

**【链接 19】** 自动往复循环控制

## 【学习评价】

填写“具有限位保护的自动往复循环控制安装接线评价表”（见表 2-9），操作时间：100min。

**表 2-9 具有限位保护的自动往复循环控制安装接线评价表**

| 项目 | 配分 | 评分要素 | 评分标准 | 得分 | 备注 |
|---|---|---|---|---|---|
| 准备 | 5 | 准备万用表、接线工具 | 每少准备一件－1 分（扣满为止，下同） | | |
| 绘图识图 | 10 | ①能绘制原理图并标注节点<br>②能说明工作原理、保护<br>③能绘制元件布置图、安装接线图 | ①不能绘制原理图并完成节点标注－5 分<br>②不能说明工作原理、保护－5 分<br>③不能绘制元件布置图、安装接线图－5 分 | | |
| 选择器材 | 10 | ①能合理选择所需器件<br>②能合理选择导线 | ①不能合理选择器件，每件－2 分<br>②不能合理选择导线－2 分 | | |
| 查测元件 | 5 | ①检查元件数量、质量<br>②测量线圈阻抗 | ①未检查元件数量、质量，每件－2 分<br>②未测量线圈阻抗－2 分 | | |

续表

| 项目 | 配分 | 评分要素 | 评分标准 | 得分 | 备注 |
|---|---|---|---|---|---|
| 安装接线工艺要求 | 30 | ①按图接线<br>②布线符合要求<br>③采用板前配线<br>④接点牢固<br>⑤导线弯角成90°<br>⑥不损伤导线、元件<br>⑦各方向上要互相垂直或平行、导线排列平整、美观 | ①不按图接线－5分<br>②主电路、控制电路布线错误－5分<br>③未采用板前配线－5分<br>④接点松动、露铜过长(从外沿计算,大于1mm)、压绝缘层、反圈,每处－1分<br>⑤布线弯角不接近90°,每处－1分<br>⑥损伤导线绝缘或线芯、损坏元件每处(件)－1分<br>⑦布线有明显交叉,每处－1分,整体布线较乱－5分 | | |
| 检查测量 | 10 | ①检查电源是否正常<br>②检查主电路、控制电路连接是否正确 | ①上电前未检查电源电压是否符合要求－5分,未检查熔断器－3分,未采用防护措施－5分<br>②未检查主、控制电路连接是否正确－5分 | | |
| 通电试车 | 30 | 能实现任务要求的控制 | 不能正常运行－30分 | | |
| 安全文明生产 | | ①能遵守国家或企业、实训室有关安全规定<br>②能在规定的时间内完成 | ①每违反一项规定,从总分中－5分,严重违规者停止操作<br>②每超时1min－5分(提前完成不加分;超时3min停止操作) | | |
| 合计 | 100 | | | | |

【问题讨论】

在行程开关SQ1（SQ2）由于某种原因拒动致使行程开关SQ3（SQ4）动作的情况下，工作台能否自动返回？为什么？

## 第十节　手动切换的Y-△降压启动控制线路的装接

【任务描述】

某生产设备（该设备空载或轻载启动）由一台正常运行时定子绕组接成三角形的三相笼型电动机拖动。根据生产设备的具体工作情况，要求该电动机采用手动切换的降压启动方式启动，控制方式应力求简单、价格便宜，同时具有必要的短路保护、过载保护、欠（失）压保护功能，并能远距离频繁操作。

试完成该电动机控制线路的正确装接。

【控制方案】

根据本任务的任务描述和控制要求，宜选择按钮切换的Y-△降压启动控制方式。

【实训目的】

（1）能根据控制要求绘制按钮切换的Y-△降压启动控制原理图。

（2）能掌握按钮切换的Y-△降压启动控制工作原理。

（3）能完成按钮切换的Y-△降压启动控制原理图的节点标注。

（4）能根据标注的原理图绘制出安装接线图。

（5）能根据安装接线图独立完成接线。

（6）能根据原理图检测控制电路接线是否正确，分析出现故障的原因及可能。

(7) 能根据安装接线图确定故障的位置，并进行维修。

【任务实施】

一、工具及器材

(1) 工具：万用表以及螺钉旋具（一字、十字）、剥线钳、尖嘴钳、钢丝钳等常用接线工具；

(2) 器材：动力电源、带漏电保护低压断路器 1 个、熔断器 5 个、接触器 3 个、热继电器 1 个、三联按钮 1 个、电动机 1 台、导线若干。

二、实施步骤

(1) 绘制原理图、标注节点号码，如图 2-19 所示。

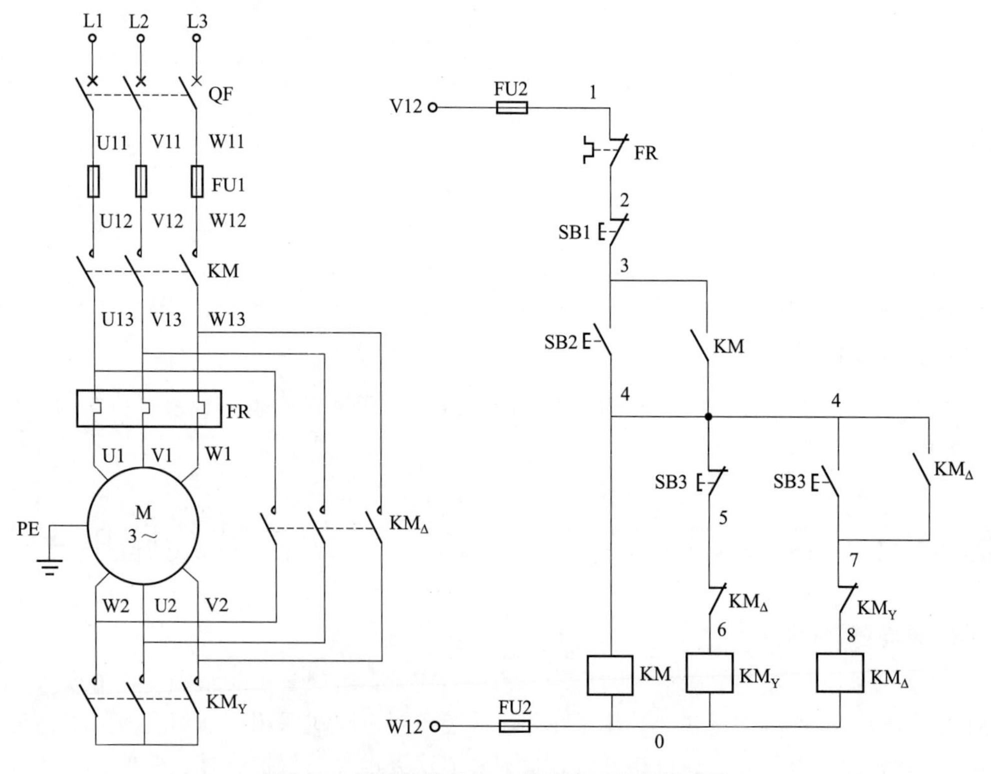


图 2-19　按钮切换的 Y-△降压启动控制原理图

(2) 熟悉电路中各设备的作用。

(3) 分析工作原理。

① 工作原理

a. Y 降压启动　合上电源开关 QF，按下 Y 启动按钮 SB2→接触器 KM、$KM_Y$ 线圈同时通电：

接触器 KM 线圈通电→KM 所有触点动作：

KM 主触点闭合→电动机 M 接入三相交流电源；

KM（3-4）常开辅助触点闭合→自锁。

接触器 $KM_Y$ 线圈通电→$KM_Y$ 所有触点动作：

$KM_Y$ 主触点闭合→将电动机定子绕组接成星形→电动机降压启动；

$KM_Y$（7-8）常闭辅助触点断开→互锁。

b. △全压运行　当转速上升到接近额定转速时，按下△运行按钮 SB3→SB3 触点动作：

SB3 常闭触点先断开→$KM_Y$ 线圈断电→$KM_Y$ 所有触点复位：

$KM_Y$ 主触点断开→解开封星点；

$KM_Y$（7-8）常闭辅助触点闭合→为 $KM_\triangle$ 线圈通电做准备。

SB3 常开触点后闭合→$KM_\triangle$ 线圈通电→$KM_\triangle$ 所有触点动作：

$KM_\triangle$ 主触点闭合→将电动机定子绕组接成三角形→电动机全压运行；

$KM_\triangle$（4-7）常开辅助触点闭合→自锁；

$KM_\triangle$（5-6）常闭辅助触点断开→互锁。

② 特点　在所有降压启动控制方式中，Y-△降压启动控制方式结构最简单、价格最便宜，并且当负载较轻时，可一直 Y 运行以节约电能。

但是，Y-△降压启动控制方式在限制启动电流的同时，启动转矩也降为三角形直接启动时的 1/3，因此，它只适用于空载或轻载启动的场合；并且只适用于正常运行时定子绕组接成三角形的三相笼型电动机。

（4）绘制安装接线图，如图 2-20 所示。

① 连接主电路：外部三相交流电源→端子排的 L1、L2、L3 端→低压断路器 QF 的 L1、L2、L3 端，低压断路器 QF 的 U11、V11、W11 端→主熔断器 FU1 的 U11、V11、W11 端，主熔断器 FU1 的 U12、V12、W12 端→接触器 KM 主触点的一侧接线端子 U12、V12、W12，接触器 KM 主触点的另一侧接线端子 U13、V13、W13→热继电器 FR 热元件的一侧接线端子 U13、V13、W13，热继电器 FR 热元件的另一侧接线端子 U1、V1、W1→端子排的 U1、V1、W1 端→电动机的 U1、V1、W1 端。

接触器 KM 主触点的接线端子 U13、V13、W13→接触器 $KM_\triangle$ 主触点的接线端子 U13、V13、W13，接触器 $KM_\triangle$ 主触点的另一侧接线端子 U2、V2、W2→端子排的 U2、V2、W2 端→电动机的 U2、V2、W2 端。

接触器 $KM_Y$ 主触点的 U2、V2、W2 端→接触器 $KM_\triangle$ 主触点的 U2、V2、W2 端，注意相序，接触器 $KM_Y$ 主触点的另一侧接线端子短接。

② 连接控制电路：主熔断器 FU1 的 V12 端（或接触器 KM 主触点的 V12 端）→控制回路熔断器 FU2 的 V12 端，熔断器 FU2 的 1 端→热继电器 FR 常闭触点的 1 端，热继电器 FR 常闭触点的 2 端→端子排的 2 端→按钮 SB1 常闭触点的 2 端，按钮 SB1 常闭触点的 3 端→按钮 SB2 常开触点的 3 端，按钮 SB2 常开触点的 4 端→端子排的 4 端→接触器 KM 线圈的 4 端，接触器 KM 线圈的 0 端→熔断器 FU2 的 0 端，熔断器 FU2 的 W12 端→主熔断器 FU1 的 W12 端（或接触器 KM 主触点的 W12 端）。

按钮 SB1 常闭触点的 3 端（或按钮 SB2 常开触点的 3 端）→端子排的 3 端→接触器 KM 常开辅助触点的 3 端，接触器 KM 常开辅助触点的 4 端→接触器 KM 线圈的 4 端。

按钮 SB2 常开触点的 4 端→按钮 SB3 常闭触点的 4 端，按钮 SB3 常闭触点的 5 端→端子排的 5 端→接触器 $KM_\triangle$ 常闭辅助触点的 5 端，接触器 $KM_\triangle$ 常闭辅助触点的 6 端→接触器 $KM_Y$ 线圈的 6 端，接触器 $KM_Y$ 线圈的 0 端→接触器 KM 线圈的 0 端。

按钮 SB3 常闭触点的 4 端→按钮 SB3 常开触点的 4 端，按钮 SB3 常开触点的 7 端→端子排的 7 端→接触器 $KM_Y$ 常闭辅助触点的 7 端，接触器 $KM_Y$ 常闭辅助触点的 8 端→接触器 $KM_\triangle$ 线圈的 8 端，接触器 $KM_\triangle$ 线圈的 0 端→接触器 $KM_Y$ 线圈的 0 端。

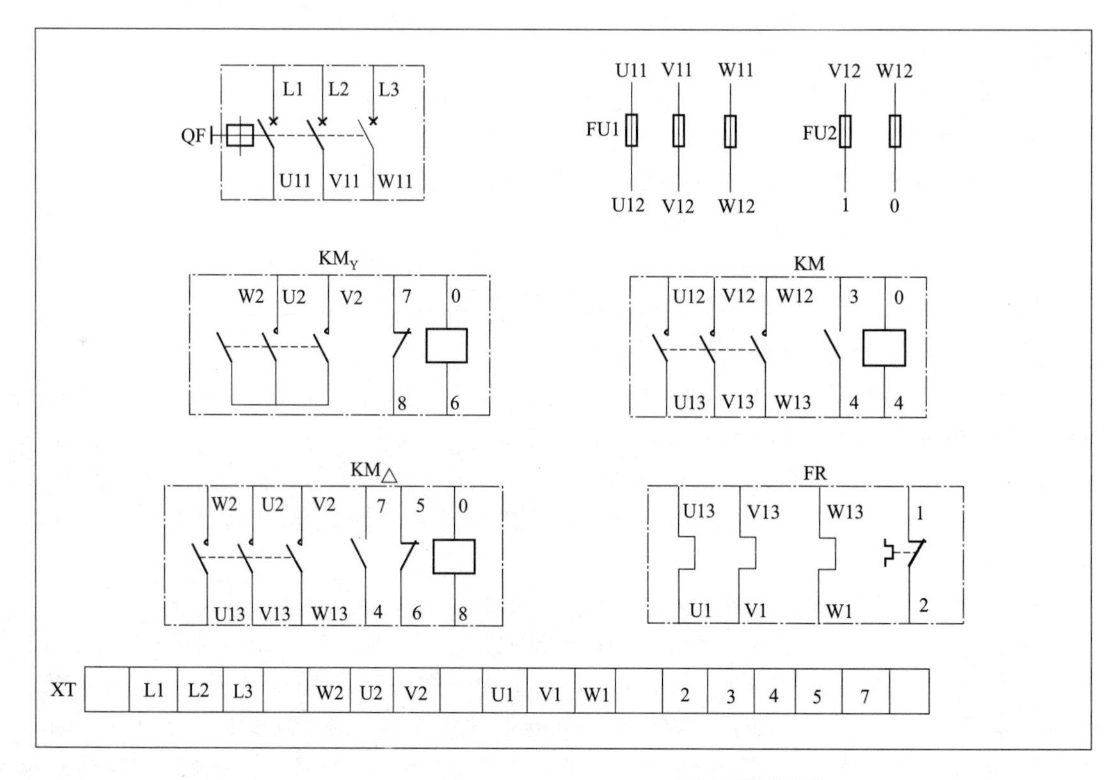


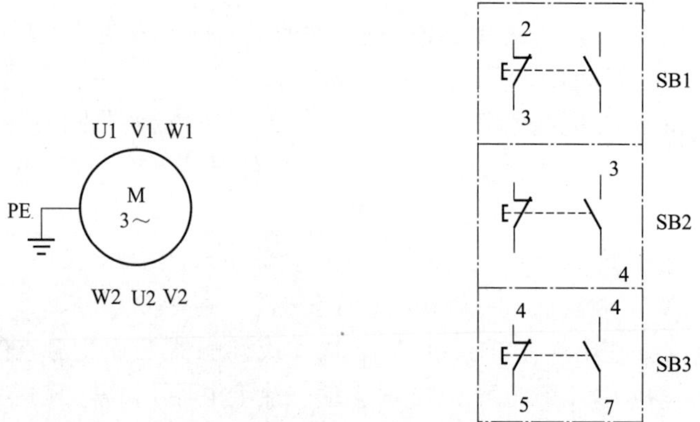


图 2-20 按钮切换的 Y-△降压启动控制安装接线图

接触器 KM 常开辅助触点的 4 端→接触器 $KM_{\triangle}$ 常开辅助触点的 4 端，接触器 $KM_{\triangle}$ 常开辅助触点的 7 端→接触器 $KM_Y$ 常闭辅助触点的 7 端。

(5) 检查器件。

① 用万用表或目视检查元件数量、质量；

② 测量接触器线圈阻抗，为检测控制电路接线是否正确做准备。

(6) 固定控制设备并完成接线。根据元件布置图固定控制设备、根据安装接线图完成接线。

① 注意事项

a. 接线前断开电源。

b. 初学者应按主电路、控制电路的先后顺序，由上至下、由左至右依次连接。

c. 端子排至电动机的线路暂不连接。

d. 为了使导线长度尽可能短、导线数量尽可能少、导线连接尽可能美观方便，除了电源开关 QF 的进线端、出线端不可互换外，其他电器，如熔断器的进出端、接触器主（辅）触点的进出端、接触器线圈的进出端、热继电器热元件的进出端、热继电器常闭触点的进出端、按钮的进出端等均可互换，只是在接线过程中必须记住哪个端子被指定为进线端，哪个端子被指定为出线端。

② 工艺要求

a. 布线通道尽可能少、导线长度尽可能短、导线数量尽可能少。

b. 同路并行导线按主电路、控制电路分类集中，单层密排，紧贴安装面布线。

c. 同一平面的导线应高低一致或前后一致，走线合理，不能交叉或架空。

d. 对螺栓式接点，导线按顺时针方向弯圈；对压片式接点，导线可直接插入压紧；不能压绝缘层、也不能露铜过长。

e. 布线应横平竖直，分布均匀，变换走向时应垂直。

f. 严禁损坏导线绝缘和线芯。

g. 一个接线端子上的连接导线不宜多于两根。

h. 进出线应合理汇集在端子排上。

（7）检查测量。

① 电源电压　用万用表测量电源电压是否正常。

② 主电路　断开电源进线开关 QF，用手按下接触器衔铁代替接触器通电吸合，检查测量主电路连接是否正确、是否有短路、开路点。

③ 控制电路　用万用表检测控制电路时，必须选用能准确显示线圈阻值的电阻挡并校零，以防止误判。

a. 保持电源进线开关 QF 处于断开状态，万用表表笔搭接在控制电路电源的两端（1、0 端），读数应为∞；

b. 按下 Y 启动按钮 SB2（或短接接触器 KM 自锁触点），读数应为接触器 KM、$KM_Y$ 线圈并联的阻值；

c. 在按下 Y 启动按钮 SB2（或短接接触器 KM 自锁触点）的同时，按下△运行按钮 SB3，读数应为接触器 KM、$KM_△$ 线圈并联的阻值；

d. 同时短接接触器 KM 自锁触点、接触器 $KM_△$ 自锁触点，读数应为接触器 KM、$KM_Y$、$KM_△$ 线圈并联的阻值。

（8）通电试车。

① 检查确定无误以后准备通电，提醒同组人员注意安全。

② 无载试车。

a. 合上电源进线开关 QF，按下 Y 启动按钮 SB2，接触器 KM、$KM_Y$ 应同时吸合；松开 Y 启动按钮 SB2，接触器 KM、$KM_Y$ 应保持吸合；

b. 在按下 Y 启动按钮 SB2，接触器 KM、$KM_Y$ 同时吸合的同时，按下△运行按钮 SB3，接触器 $KM_Y$ 应断电释放、接触器 $KM_△$ 应通电吸合并自保持；

c. 按下停止按钮 SB1，接触器 KM、$KM_△$ 应断电释放。

③ 有载试车。断开电源进线开关 QF，连接电动机。

a. 合上电源进线开关 QF，按下 Y 启动按钮 SB2，电动机应 Y 启动旋转；松开 Y 启动按钮 SB2，电动机应保持旋转；

b. 按下△运行按钮 SB3，电动机应△运行旋转；松开△运行按钮 SB3，电动机应保持旋转；

c. 按下停止按钮 SB1，电动机应断电惯性停止。

**【链接 20】** 按钮切换的 Y-△降压启动控制

## 【学习评价】

填写“手动切换的 Y-△降压启动控制安装接线评价表”（见表 2-10），操作时间：100min。

**表 2-10　手动切换的 Y-△降压启动控制安装接线评价表**

| 项目 | 配分 | 评分要素 | 评分标准 | 得分 | 备注 |
|---|---|---|---|---|---|
| 准备 | 5 | 准备万用表、接线工具 | 每少准备一件－1 分(扣满为止,下同) | | |
| 绘图识图 | 10 | ①能绘制原理图并标注节点<br>②能说明工作原理、保护<br>③能绘制元件布置图、安装接线图 | ①不能绘制原理图并完成节点标注－5 分<br>②不能说明工作原理、保护－5 分<br>③不能绘制元件布置图、安装接线图－5 分 | | |
| 选择器材 | 10 | ①能合理选择所需器件<br>②能合理选择导线 | ①不能合理选择器件,每件－2 分<br>②不能合理选择导线－2 分 | | |
| 查测元件 | 5 | ①检查元件数量、质量<br>②测量线圈阻抗 | ①未检查元件数量、质量,每件－2 分<br>②未测量线圈阻抗－2 分 | | |
| 安装接线工艺要求 | 30 | ①按图接线<br>②布线符合要求<br>③采用板前配线<br>④接点牢固<br>⑤导线弯角成 90°<br>⑥不损伤导线、元件<br>⑦各方向上要互相垂直或平行、导线排列平整、美观 | ①不按图接线－5 分<br>②主电路、控制电路布线错误－5 分<br>③未采用板前配线－5 分<br>④接点松动、露铜过长(从外沿计算,大于 1mm)、压绝缘层、反圈,每处－1 分<br>⑤布线弯角不接近 90°,每处－1 分<br>⑥损伤导线绝缘或线芯、损坏元件每处(件)－1 分<br>⑦布线有明显交叉,每处－1 分,整体布线较乱－5 分 | | |
| 检查测量 | 10 | ①检查电源是否正常<br>②检查主电路、控制电路连接是否正确 | ①上电前未检查电源电压是否符合要求－5 分,未检查熔断器－3 分,未采用防护措施－5 分<br>②未检查主、控制电路连接是否正确－5 分 | | |
| 通电试车 | 30 | 能实现任务要求的控制 | 不能正常运行－30 分 | | |
| 安全文明生产 | | ①能遵守国家或企业、实训室有关安全规定<br>②能在规定的时间内完成 | ①每违反一项规定,从总分中－5 分,严重违规者停止操作<br>②每超时 1min－5 分(提前完成不加分;超时 3min 停止操作) | | |
| 合计 | 100 | | | | |

## 【问题讨论】

Y-△降压启动有何特点？

# 第十一节 自动切换的 Y-△降压启动控制线路的装接

**【任务描述】**

某生产设备（该设备空载或轻载启动）由一台正常运行时定子绕组接成三角形的三相笼型电动机拖动。根据生产设备的具体工作情况，要求该电动机采用自动切换的降压启动方式启动，控制方式应力求简单、价格便宜，同时具有必要的短路保护、过载保护、欠（失）压保护功能，并能远距离频繁操作。

试完成该电动机控制线路的正确装接。

**【控制方案】**

根据本任务的任务描述和控制要求，宜选择时间原则控制的 Y-△降压启动方式。

**【实训目的】**

（1）能根据控制要求绘制时间原则控制的 Y-△降压启动方式。

（2）能掌握时间原则控制的 Y-△降压启动方式工作原理。

（3）能完成时间原则控制的 Y-△降压启动方式原理图的节点标注。

（4）能根据标注的原理图绘制出安装接线图。

（5）能根据安装接线图独立完成接线。

（6）能根据原理图检测控制电路接线是否正确，分析出现故障的原因及可能。

（7）能根据安装接线图确定故障的位置，并进行维修。

**【任务实施】**

**一、工具及器材**

（1）工具：万用表以及螺钉旋具（一字、十字）、剥线钳、尖嘴钳、钢丝钳等常用接线工具；

（2）器材：动力电源、带漏电保护低压断路器 1 个、熔断器 5 个、接触器 3 个、热继电器 1 个、时间继电器 1 个、两联按钮 1 个、电动机 1 台、导线若干。

**【链接 21】** 时间继电器

**二、实施步骤**

（1）绘制原理图、标注节点号码，如图 2-21 所示。

（2）熟悉电路中各设备的作用。

（3）分析工作原理。

① Y 降压启动　合上电源开关 QF，按下启动按钮 SB2→KM1、KM3、KT 线圈同时通电：

接触器 KM1 线圈通电→KM1 所有触点动作：

KM1 主触点闭合→电动机 M 接入三相交流电源；

KM1（3-4）常开辅助触点闭合→自锁。

接触器 KM3 线圈通电→KM3 所有触点动作：

KM3 主触点闭合→将电动机定子绕组接成星形→使电动机每相绕组承受的电压为三角形连接时的 $1/\sqrt{3}$、启动电流为三角形直接启动电流的 1/3→电动机降压启动；

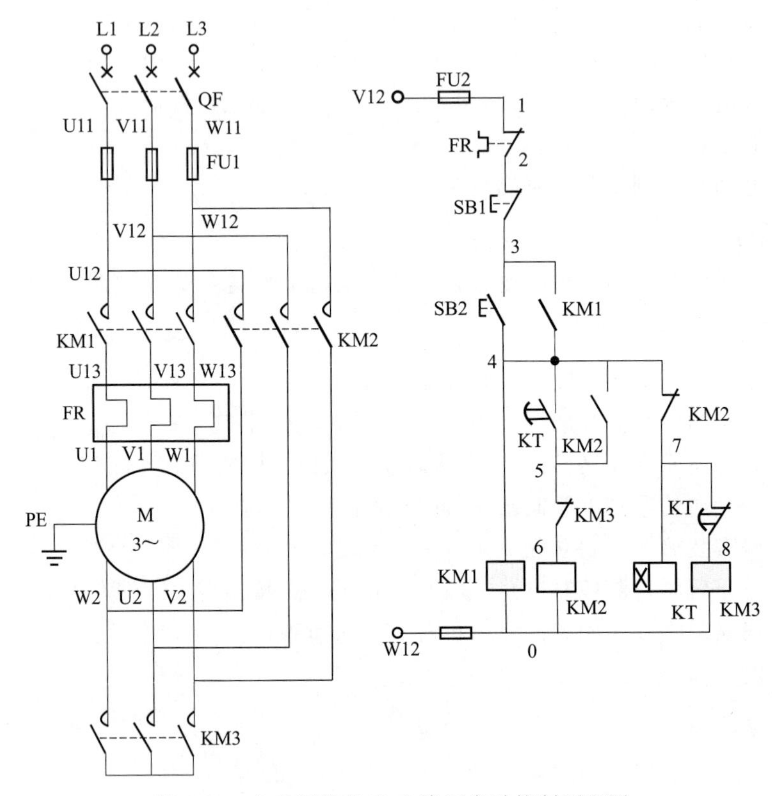


图 2-21　自动切换的 Y-△降压启动控制原理图

KM3（5-6）常闭辅助触点断开→互锁。

时间继电器 KT 线圈通电→开始延时→②。

② △全压运行　延时结束（转速上升到接近额定转速时）→KT 触点动作：

KT（7-8）常闭触点断开→KM3 线圈断电→KM3 所有触点复位：

KM3 主触点断开→解开封星点；

KM3（5-6）常闭辅助触点闭合→为 KM2 线圈通电做准备。

KT（4-5）常开触点闭合→KM2 线圈通电→KM2 所有触点动作：

KM2 主触点闭合→将电动机定子绕组接成三角形→电动机全压运行；

KM2（4-5）常开辅助触点闭合→自锁；

KM2（4-7）常闭辅助触点断开（互锁）→KT 线圈断电→KT 所有触点瞬时复位（避免了时间继电器长期无效工作）。

（4）绘制安装接线图，如图 2-22 所示。

① 连接主电路：外部三相交流电源→端子排的 L1、L2、L3 端→低压断路器 QF 的 L1、L2、L3 端，低压断路器 QF 的 U11、V11、W11 端→主熔断器 FU1 的 U11、V11、W11 端，主熔断器 FU1 的 U12、V12、W12 端→接触器 KM1 主触点的一侧接线端子 U12、

V12、W12，接触器 KM1 主触点的另一侧接线端子 U13、V13、W13→热继电器 FR 热元件的一侧接线端子 U13、V13、W13，热继电器 FR 热元件的另一侧接线端子 U1、V1、W1→端子排的 U1、V1、W1 端→电动机的 U1、V1、W1 端。

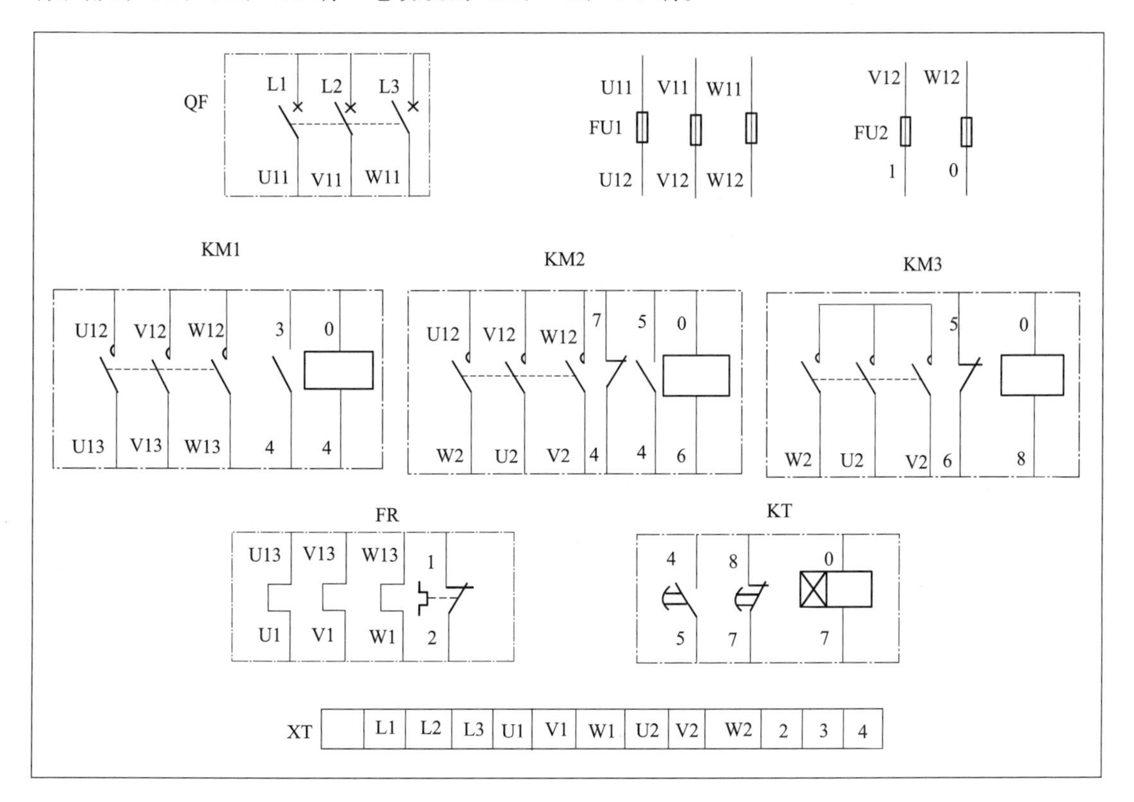


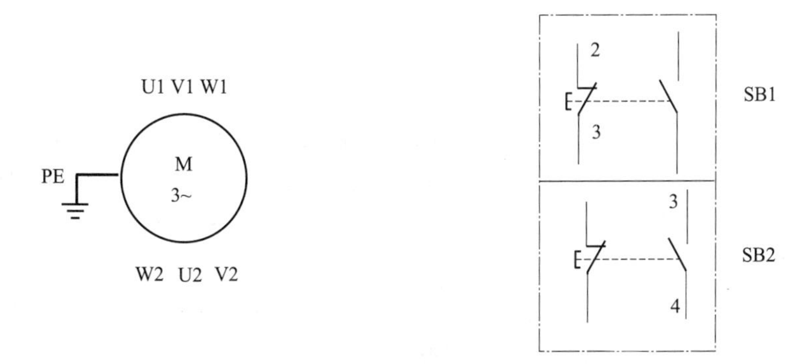


图 2-22 自动切换的 Y-△降压启动安装接线图

接触器 KM1 主触点的接线端子 U12、V12、W12→接触器 KM2 主触点的接线端子 U12、V12、W12，接触器 KM2 主触点的另一侧接线端子 U2、V2、W2→端子排的 U2、V2、W2 端→电动机的 U2、V2、W2 端。

接触器 KM3 的 U2、V2、W2 端→接触器 KM2 的 U2、V2、W2 端，注意相序，接触器 KM3 的另一侧接线端子短接。

② 连接控制电路：主熔断器 FU1 的 V12 端（或接触器 KM1、KM2 主触点的 V12 端）→控制回路熔断器 FU2 的 V12 端，熔断器 FU2 的 1 端→热继电器 FR 常闭触点的 1 端，热继电器 FR 常闭触点的 2 端→端子排的 2 端→按钮 SB1 常闭触点的 2 端，按钮 SB1 常

闭触点的 3 端→按钮 SB2 常开触点的 3 端，按钮 SB2 常开触点的 4 端→端子排的 4 端→接触器 KM1 线圈的 4 端，接触器 KM1 线圈的 0 端→熔断器 FU2 的 0 端，熔断器 FU2 的 W12 端→主熔断器 FU1 的 W12 端（或接触器 KM1、KM2 主触点的 W12 端）。

按钮 SB1 常闭触点的 3 端（或按钮 SB2 常开触点的 3 端）→端子排的 3 端→接触器 KM1 常开辅助触点的 3 端，接触器 KM1 常开辅助触点的 4 端→接触器 KM1 线圈的 4 端。

接触器 KM1 常开辅助触点的 4 端→时间继电器 KT 常开触点的 4 端，时间继电器 KT 常开触点的 5 端→接触器 KM3 常闭辅助触点的 5 端，接触器 KM3 常闭辅助触点的 6 端→接触器 KM2 线圈的 6 端，接触器 KM2 线圈的 0 端→接触器 KM1 线圈的 0 端。

接触器 KM1 常开辅助触点的 4 端→接触器 KM2 常开辅助触点的 4 端，接触器 KM2 常开辅助触点的 5 端→接触器 KM3 常闭辅助触点的 5 端。

接触器 KM2 常开辅助触点的 4 端→接触器 KM2 常闭辅助触点的 4 端，接触器 KM2 常闭辅助触点的 7 端→时间继电器 KT 线圈的 7 端，时间继电器 KT 线圈的 0 端→接触器 KM2 线圈的 0 端。

时间继电器 KT 线圈的 7 端→时间继电器 KT 常闭触点的 7 端，时间继电器 KT 常闭触点的 8 端→接触器 KM3 线圈的 8 端，接触器 KM3 线圈的 0 端→时间继电器 KT 线圈的 0 端。

（5）检查器件。

① 用万用表或目视检查元件数量、质量；

② 测量接触器线圈阻抗，为检测控制电路接线是否正确做准备。

（6）固定控制设备并完成接线。根据元件布置图固定控制设备、根据安装接线图完成接线。

① 注意事项

a. 接线前断开电源。

b. 初学者应按主电路、控制电路的先后顺序，由上至下、由左至右依次连接。

c. 端子排至电动机的线路暂不连接。

d. 为了使导线长度尽可能短、导线数量尽可能少、导线连接尽可能美观方便，除了电源开关 QF 的进线端、出线端不可互换外，其他电器，如熔断器的进出端、接触器主（辅）触点的进出端、接触器线圈的进出端、时间继电器线圈的进出端、时间继电器触点的进出端、热继电器热元件的进出端、热继电器常闭触点的进出端、按钮的进出端等均可互换，只是在接线过程中必须记住哪个端子被指定为进线端，哪个端子被指定为出线端。

② 工艺要求

a. 布线通道尽可能少、导线长度尽可能短、导线数量尽可能少。

b. 同路并行导线按主电路、控制电路分类集中，单层密排，紧贴安装面布线。

c. 同一平面的导线应高低一致或前后一致，走线合理，不能交叉或架空。

d. 对螺栓式接点，导线按顺时针方向弯圈；对压片式接点，导线可直接插入压紧；不能压绝缘层、也不能露铜过长。

e. 布线应横平竖直，分布均匀，变换走向时应垂直。

f. 严禁损坏导线绝缘和线芯。

g. 一个接线端子上的连接导线不宜多于两根。

h. 进出线应合理汇集在端子排上。

（7）检查测量。

① 电源电压　用万用表测量电源电压是否正常。

② 主电路 断开电源进线开关 QF，用手按下接触器衔铁代替接触器通电吸合，检查测量主电路连接是否正确、是否有短路、开路点。

③ 控制电路 用万用表检测控制电路时，必须选用能准确显示线圈阻值的电阻挡并校零，以防止误判。

a. 保持电源进线开关 QF 处于断开状态，万用表表笔搭接在控制电路电源的两端（1、0 端），读数应为∞；

b. 按下 Y 启动按钮 SB2（或短接接触器 KM1 自锁触点），读数应为接触器 KM1、KM3、KT 线圈并联的阻值；

c. 同时短接接触器 KM1 自锁触点、接触器 KM2 自锁触点，读数应为接触器 KM1、KM2、KM3、KT 线圈并联的阻值。

（8）通电试车。

① 检查确定无误以后准备通电，提醒同组人员注意安全。

② 无载试车。

a. 合上电源进线开关 QF，按下 Y 启动按钮 SB2，接触器 KM1、KM3、时间继电器 KT 应同时吸合；松开 Y 启动按钮 SB2，接触器 KM1、KM3、时间继电器 KT 应保持吸合；

b. 经过一段时间的延时，接触器 KM3 应断电释放、接触器 KM2 应通电吸合并自保持、时间继电器 KT 应断电释放；

c. 按下停止按钮 SB1，接触器 KM1、KM2 应断电释放。

③ 有载试车。断开电源进线开关 QF，连接电动机。

a. 合上电源进线开关 QF，按下 Y 启动按钮 SB2，电动机应 Y 启动旋转；松开 Y 启动按钮 SB2，电动机应保持旋转；

b. 经过一段时间的延时，电动机应△运行旋转；

c. 按下停止按钮 SB1，电动机应断电惯性停止。

**【链接 22】** 自动切换的 Y-△降压启动控制

【学习评价】⋘—

填写“自动切换的 Y-△降压启动控制安装接线评价表”（见表 2-11），操作时间：100min。

**表 2-11 自动切换的 Y-△降压启动控制安装接线评价表**

| 项目 | 配分 | 评分要素 | 评分标准 | 得分 | 备注 |
|---|---|---|---|---|---|
| 准备 | 5 | 准备万用表、接线工具 | 每少准备一件－1 分(扣满为止,下同) | | |
| 绘图识图 | 10 | ①能绘制原理图并标注节点<br>②能说明工作原理、保护<br>③能绘制元件布置图、安装接线图 | ①不能绘制原理图并完成节点标注－5 分<br>②不能说明工作原理、保护－5 分<br>③不能绘制元件布置图、安装接线图－5 分 | | |
| 选择器材 | 10 | ①能合理选择所需器件<br>②能合理选择导线 | ①不能合理选择器件,每件－2 分<br>②不能合理选择导线－2 分 | | |

续表

| 项目 | 配分 | 评分要素 | 评分标准 | 得分 | 备注 |
|---|---|---|---|---|---|
| 查测元件 | 5 | ①检查元件数量、质量<br>②测量线圈阻抗 | ①未检查元件数量、质量,每件－2 分<br>②未测量线圈阻抗－2 分 | | |
| 安装接线工艺要求 | 30 | ①按图接线<br>②布线符合要求<br>③采用板前配线<br>④接点牢固<br>⑤导线弯角成 90°<br>⑥不损伤导线、元件<br>⑦各方向上要互相垂直或平行、导线排列平整、美观 | ①不按图接线－5 分<br>②主电路、控制电路布线错误－5 分<br>③未采用板前配线－5 分<br>④接点松动、露铜过长(从外沿计算,大于 1mm)、压绝缘层、反圈,每处－1 分<br>⑤布线弯角不接近 90°,每处－1 分<br>⑥损伤导线绝缘或线芯、损坏元件每处(件)－1 分<br>⑦布线有明显交叉,每处－1 分,整体布线较乱－5 分 | | |
| 检查测量 | 10 | ①检查电源是否正常<br>②检查主电路、控制电路连接是否正确 | ①上电前未检查电源电压是否符合要求－5 分,未检查熔断器－3 分,未采用防护措施－5 分<br>②未检查主、控制电路连接是否正确－5 分 | | |
| 通电试车 | 30 | 能实现任务要求的控制 | 不能正常运行－30 分 | | |
| 安全文明生产 | | ①能遵守国家或企业、实训室有关安全规定<br>②能在规定的时间内完成 | ①每违反一项规定,从总分中－5 分,严重违规者停止操作<br>②每超时 1min－5 分(提前完成不加分;超时 3min 停止操作) | | |
| 合计 | 100 | | | | |

【问题讨论】

(1) 在△运行过程中,接触器 KM1、KM2、KM3、时间继电器 KT 哪个线圈保持通电?

(2) 在时间原则控制的 Y-△降压启动方式中,延时时间如何确定?

# 第十二节　双速电动机控制线路的装接

【任务描述】

某生产设备由一台三相笼型电动机拖动。根据生产设备的具体工作情况,要求该电动机能以两种速度运行,控制方式应力求简单、价格便宜,同时具有必要的短路保护、过载保护、欠(失)压保护功能,并能远距离频繁操作。

试完成该电动机控制线路的正确装接。

【控制方案】

根据本任务的任务描述和控制要求,宜选择按钮切换的双速电动机控制方式。

【实训目的】

(1) 能根据控制要求绘制按钮切换的双速电动机控制原理图。

(2) 能掌握按钮切换的双速电动机控制工作原理。

(3) 能完成按钮切换的双速电动机控制原理图的节点标注。

(4) 能根据标注的原理图绘制出安装接线图。

（5）能根据安装接线图独立完成接线。

（6）能根据原理图检测控制电路接线是否正确，分析出现故障的原因及可能。

（7）能根据安装接线图确定故障的位置，并进行维修。

【任务实施】

## 一、工具及器材

（1）工具：万用表以及螺钉旋具（一字、十字）、剥线钳、尖嘴钳、钢丝钳等常用接线工具；

（2）器材：动力电源、带漏电保护低压断路器1个、熔断器5个、接触器3个、热继电器1个、三联按钮1个、电动机1台、导线若干。

## 二、实施步骤

（1）绘制原理图、标注节点号码，如图2-23所示。

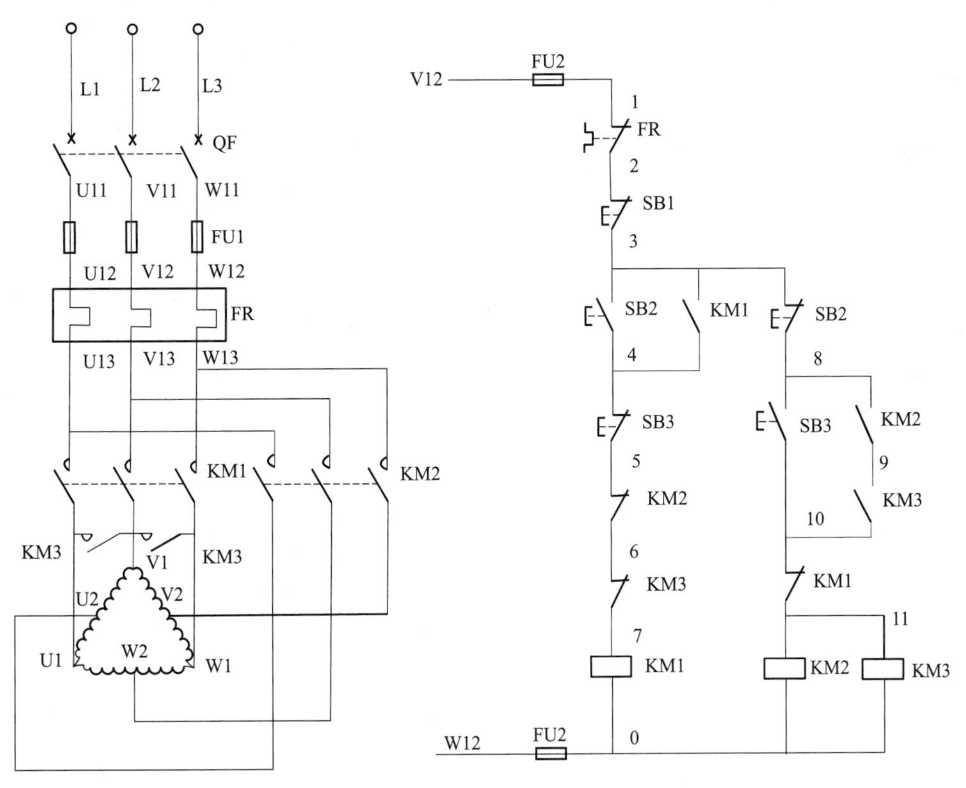


图2-23 按钮切换的双速电动机控制原理图

（2）熟悉电路中各设备的作用。

（3）分析工作原理。

① 低速运转 合上电源开关QF，按下低速启动按钮SB2→SB2的所有触点动作：

SB2（3-8）常闭触点先断开→互锁。

SB2（3-4）常开触点后闭合→按触器KM1线圈通电→KM1所有触点动作：

KM1主触点闭合→电动机定子绕组接成三角形低速启动运转；

KM1（10-11）断开→互锁；

KM1（3-4）闭合→自锁。

② 高速运转　按下高速运转按钮 SB3→SB3 的所有触点动作：

SB3（4-5）常闭触点先断开→KM1 线圈断电→KM1 所有触点复位：

KM1 主触点断开；

KM1（3-4）断开→解除自锁；

KM1（10-11）闭合→为 KM2、KM3 线圈通电做准备。

SB3（8-10）常开触点后闭合→KM2、KM3 线圈同时通电→KM2、KM3 所有触点动作：

KM2、KM3 主触点闭合→电动机定子绕组接成双星形高速运转；

KM2（5-6）、KM3（6-7）断开→互锁；

KM2（8-9）、KM3（9-10）闭合→自锁。

（4）绘制安装接线图，如图 2-24 所示。

① 连接主电路：外部三相交流电源→端子排的 L1、L2、L3 端→低压断路器 QF 的 L1、L2、L3 端，低压断路器 QF 的 U11、V11、W11 端→主熔断器 FU1 的 U11、V11、W11 端，主熔断器 FU1 的 U12、V12、W12 端→热继电器 FR 热元件的一侧接线端子 U12、V12、W12，热继电器 FR 热元件的另一侧接线端子 U13、V13、W13→接触器 KM1 主触点的一侧接线端子 U13、V13、W13，接触器 KM1 主触点的另一侧接线端子 U1、V1、W1→端子排的 U1、V1、W1 端→电动机的 U1、V1、W1 端。

接触器 KM1 主触点的一侧接线端子 U13、V13、W13→接触器 KM2 主触点的一侧接线端子 U13、V13、W13，接触器 KM2 主触点的另一侧接线端子 U2、V2、W2→端子排的 U2、V2、W2 端→电动机的 U2、V2、W2 端。

接触器 KM3 主触点的一侧接线端子 U1、V1、W1→接触器 KM1 主触点的另一侧接线端子 U1、V1、W1，接触器 KM3 主触点的另一侧接线端子短接。

② 连接控制电路：主熔断器 FU1 的 V12 端（或热继电器 FR 热元件的 V12 端）→控制回路熔断器 FU2 的 V12 端，熔断器 FU2 的 1 端→热继电器 FR 常闭触点的 1 端，热继电器 FR 常闭触点的 2 端→端子排的 2 端→按钮 SB1 常闭触点的 2 端，按钮 SB1 常闭触点的 3 端→按钮 SB2 常开触点的 3 端，按钮 SB2 常开触点的 4 端→按钮 SB3 常闭触点的 4 端，按钮 SB3 常闭触点的 5 端→端子排的 5 端→接触器 KM2 常闭辅助触点的 5 端，接触器 KM2 常闭辅助触点的 6 端→接触器 KM3 常闭辅助触点的 6 端，接触器 KM3 常闭辅助触点的 7 端→接触器 KM1 线圈的 7 端，接触器 KM1 线圈的 0 端→熔断器 FU2 的 0 端，熔断器 FU2 的 W12 端→主熔断器 FU1 的 W12 端（或热继电器 FR 热元件的 W12 端）。

按钮 SB1 常闭触点的 3 端（或按钮 SB2 常开触点的 3 端）→端子排的 3 端→接触器 KM1 常开辅助触点的 3 端，接触器 KM1 常开辅助触点的 4 端→端子排的 4 端→按钮 SB2 常开触点的 4 端（或按钮 SB3 常闭触点的 4 端）。

按钮 SB1 常闭触点的 3 端（或按钮 SB2 常开触点的 3 端）→按钮 SB2 常闭触点的 3 端，按钮 SB2 常闭触点的 8 端→按钮 SB3 常开触点的 8 端，按钮 SB3 常开触点的 10 端→端子排的 10 端→接触器 KM1 常闭辅助触点的 10 端，接触器 KM1 常闭辅助触点的 11 端→接触器 KM2 线圈的 11 端，接触器 KM2 线圈的 0 端→接触器 KM1 线圈的 0 端。

按钮 SB2 常闭触点的 8 端（或按钮 SB3 常开触点的 8 端）→端子排的 8 端→接触器 KM2 常开辅助触点的 8 端，接触器 KM2 常开辅助触点的 9 端→接触器 KM3 常开辅助触点的 9 端，接触器 KM3 常开辅助触点的 10 端→接触器 KM1 常闭辅助触点的 10 端。

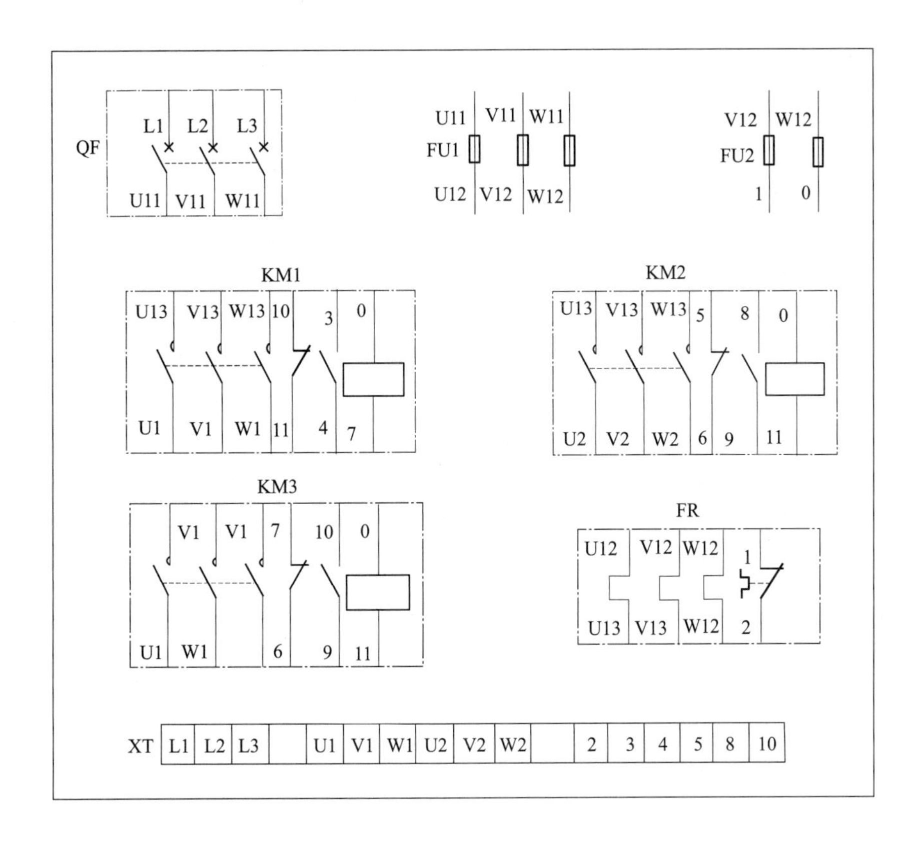


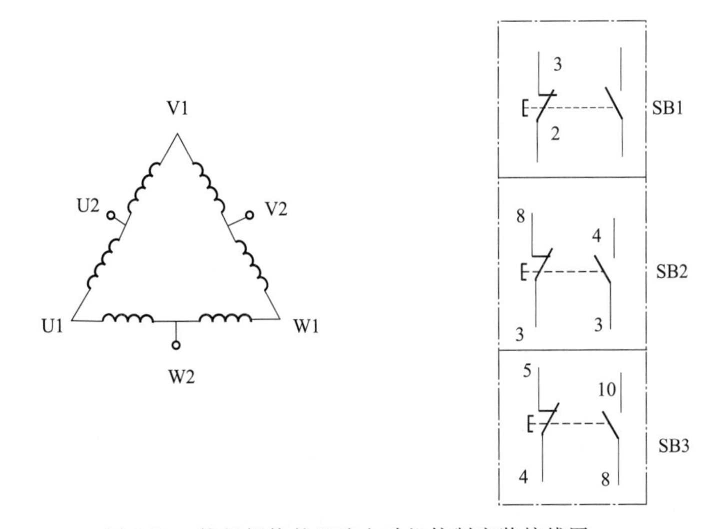


图 2-24　按钮切换的双速电动机控制安装接线图

接触器 KM2 线圈的 11 端→接触器 KM3 线圈的 11 端，接触器 KM3 线圈的 0 端→接触器 KM2 线圈的 0 端。

(5) 检查器件。

① 用万用表或目视检查元件数量、质量；

② 测量接触器线圈阻抗，为检测控制电路接线是否正确做准备。

(6) 固定控制设备并完成接线。根据元件布置图固定控制设备、根据安装接线图完成接线。

① 注意事项

a. 接线前断开电源。

b. 初学者应按主电路、控制电路的先后顺序，由上至下、由左至右依次连接。

c. 端子排至电动机的线路暂不连接。

d. 为了使导线长度尽可能短、导线数量尽可能少、导线连接尽可能美观方便，除了电源开关 QF 的进线端、出线端不可互换外，其他电器，如熔断器的进出端、接触器主（辅）触点的进出端、接触器线圈的进出端、热继电器热元件的进出端、热继电器常闭触点的进出端、按钮的进出端等均可互换，只是在接线过程中必须记住哪个端子被指定为进线端，哪个端子被指定为出线端。

② 工艺要求

a. 布线通道尽可能少、导线长度尽可能短、导线数量尽可能少。

b. 同路并行导线按主电路、控制电路分类集中，单层密排，紧贴安装面布线。

c. 同一平面的导线应高低一致或前后一致，走线合理，不能交叉或架空。

d. 对螺栓式接点，导线按顺时针方向弯圈；对压片式接点，导线可直接插入压紧；不能压绝缘层、也不能露铜过长。

e. 布线应横平竖直，分布均匀，变换走向时应垂直。

f. 严禁损坏导线绝缘和线芯。

g. 一个接线端子上的连接导线不宜多于两根。

h. 进出线应合理汇集在端子排上。

（7）检查测量。

① 电源电压　用万用表测量电源电压是否正常。

② 主电路　断开电源进线开关 QF，用手按下接触器衔铁代替接触器通电吸合，检查测量主电路连接是否正确、是否有短路、开路点。

③ 控制电路　用万用表检测控制电路时，必须选用能准确显示线圈阻值的电阻挡并校零，以防止误判。

a. 保持电源进线开关 QF 处于断开状态，万用表表笔搭接在控制电路电源的两端（1、0 端），读数应为∞；

b. 按下启动按钮 SB2（或短接接触器 KM1 自锁触点），读数应为接触器 KM1 线圈的阻值；

c. 按下启动按钮 SB3，读数应为接触器 KM2、KM3 线圈并联的阻值。

（8）通电试车。

① 检查确定无误以后准备通电，提醒同组人员注意安全。

② 无载试车。

a. 合上电源进线开关 QF，按下启动按钮 SB2，接触器 KM1 应吸合；松开启动按钮 SB2，接触器 KM1 应保持吸合；

b. 按下启动按钮 SB3，接触器 KM1 应断电释放，接触器 KM2、KM3 应通电吸合并自保持；

c. 按下停止按钮 SB1，接触器 KM2、KM3 应断电释放。

③ 有载试车。断开电源进线开关 QF，连接电动机。

a. 合上电源进线开关 QF，按下启动按钮 SB2，电动机应低速启动；松开启动按钮 SB2，电动机应保持低速旋转；

b. 按下按钮 SB3，电动机应高速旋转；松开按钮 SB3，电动机应保持高速旋转；

c. 按下停止按钮 SB1，电动机应断电惯性停止。

**【链接 23】** 双速电动机控制

## 【学习评价】

填写“双速电动机控制安装接线评价表”（见表 2-12），操作时间：100min。

**表 2-12　双速电动机控制安装接线评价表**

| 项目 | 配分 | 评分要素 | 评分标准 | 得分 | 备注 |
|---|---|---|---|---|---|
| 准备 | 5 | 准备万用表、接线工具 | 每少准备一件一1分(扣满为止,下同) | | |
| 绘图识图 | 10 | ①能绘制原理图并标注节点<br>②能说明工作原理、保护<br>③能绘制元件布置图、安装接线图 | ①不能绘制原理图并完成节点标注 －5分<br>②不能说明工作原理、保护－5分<br>③不能绘制元件布置图、安装接线图－5分 | | |
| 选择器材 | 10 | ①能合理选择所需器件<br>②能合理选择导线 | ①不能合理选择器件,每件－2分<br>②不能合理选择导线－2分 | | |
| 查测元件 | 5 | ①检查元件数量、质量<br>②测量线圈阻抗 | ①未检查元件数量、质量,每件－2分<br>②未测量线圈阻抗－2分 | | |
| 安装接线工艺要求 | 30 | ①按图接线<br>②布线符合要求<br>③采用板前配线<br>④接点牢固<br>⑤导线弯角成90°<br>⑥不损伤导线、元件<br>⑦各方向上要互相垂直或平行、导线排列平整、美观 | ①不按图接线－5分<br>②主电路、控制电路布线错误－5分<br>③未采用板前配线－5分<br>④接点松动、露铜过长(从外沿计算,大于1mm)、压绝缘层、反圈,每处－1分<br>⑤布线弯角不接近90°,每处－1分<br>⑥损伤导线绝缘或线芯、损坏元件每处(件)－1分<br>⑦布线有明显交叉,每处－1分,整体布线较乱－5分 | | |
| 检查测量 | 10 | ①检查电源是否正常<br>②检查主电路、控制电路连接是否正确 | ①上电前未检查电源电压是否符合要求－5分,未检查熔断器－3分,未采用防护措施－5分<br>②未检查主、控制电路连接是否正确－5分 | | |
| 通电试车 | 30 | 能实现任务要求的控制 | 不能正常运行－30分 | | |
| 安全文明生产 | | ①能遵守国家或企业、实训室有关安全规定<br>②能在规定的时间内完成 | ①每违反一项规定,从总分中－5分,严重违规者停止操作<br>②每超时1min－5分(提前完成不加分;超时3min停止操作) | | |
| 合计 | 100 | | | | |

## 【问题讨论】

(1) 双速电动机在高低速变换时为什么要改变定子绕组的相序？

(2) 双速电动机能否高速直接启动？为什么？

# 第十三节　反接制动控制线路的装接

**【任务描述】**

某生产设备由一台三相笼型异步电动机拖动。根据生产设备的具体工作情况，要求该电动机应能实现单向直接启动、连续运行，具有短路保护、过载保护、欠（失）压保护功能，能远距离频繁操作、能迅速制动，同时其控制方式应力求结构简单、价格便宜。

试完成该电动机控制线路的正确装接。

**【控制方案】**

根据本任务的任务描述和控制要求，宜选择反接制动控制方式。

**【实训目的】**

(1) 能根据控制要求绘制反接制动控制原理图。

(2) 能掌握反接制动控制工作原理。

(3) 能完成反接制动控制原理图的节点标注。

(4) 能根据标注的原理图绘制出安装接线图。

(5) 能根据安装接线图独立完成接线。

(6) 能根据原理图检测控制电路接线是否正确，分析出现故障的原因及可能。

(7) 能根据安装接线图确定故障的位置，并进行维修。

**【任务实施】**

**一、工具及器材**

(1) 工具：万用表以及螺钉旋具（一字、十字）、剥线钳、尖嘴钳、钢丝钳等常用接线工具；

(2) 器材：动力电源、电源开关 1 个、熔断器 5 个、接触器 2 个、热继电器 1 个、速度继电器 1 个、限流电阻 3 个、两联按钮 1 个、电动机 1 台、导线若干。

**【链接 24】** 速度继电器

**二、实施步骤**

(1) 绘制原理图、标注节点号码，如图 2-25 所示。

(2) 熟悉电路中各设备的作用。

(3) 分析工作原理。

① 工作原理

a. 启动　合上电源开关 QS，按下启动按钮 SB2→接触器 KM1 线圈通电→KM1 所有触点动作：

KM1 主触点闭合→电动机 M 全压启动运行→当转速上升到某一值（通常为大于 120r/min）以后→速度继电器 KS 的常开触点闭合（为制动接触器 KM2 的通电做准备）；

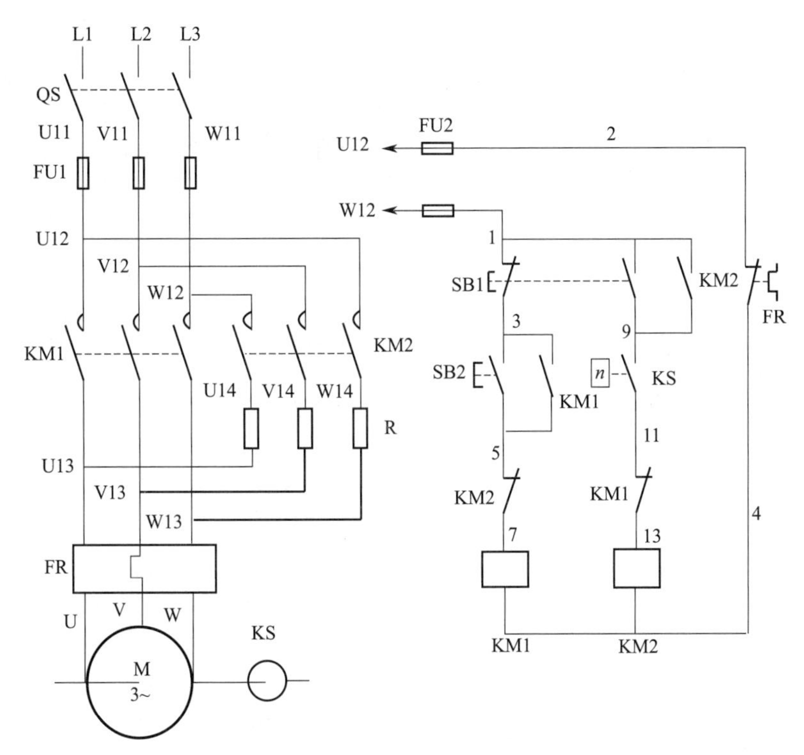


图 2-25 反接制动控制原理图

KM1(11-13) 常闭辅助触点断开→互锁；

KM1(3-5) 常开辅助触点闭合→自锁。

b. 制动 按下停止按钮 SB1→SB1 的所有触点动作：

SB1(1-3) 常闭触点先断开→KM1 线圈断电→KM1 所有触点复位：

KM1 主触点断开→M 断电；

KM1(3-5) 常开辅助触点断开→解除自锁；

KM1(11-13) 常闭辅助触点闭合→为 KM2 线圈通电做准备。

SB1(1-9) 常开触点后闭合→KM2 线圈通电→KM2 所有触点动作：

KM2(1-9) 常开辅助触点闭合→自锁；

KM2(5-7) 常闭辅助触点断开→互锁。

KM2 的主触点闭合→改变了电动机定子绕组中电源的相序、电动机在定子绕组串入电阻 R 的情况下反接制动→转速下降到某一值（通常为小于 100r/min）时→KS 触点复位→KM2 线圈断电→KM2 所有触点复位：

KM2(1-9) 常开辅助触点断开；

KM2(5-7) 常闭辅助触点闭合；

KM2 主触点断开（制动过程结束，防止反向启动）。

② 特点 反接制动的优点是制动能力强、制动时间短；缺点是能量损耗大、制动时冲击力大、制动准确度差。因此，反接制动适用于生产机械的迅速停机与迅速反向运转。

(4) 绘制安装接线图，如图 2-26 所示。

① 连接主电路：外部三相交流电源→端子排的 L1、L2、L3 端→刀开关 QS 的 L1、L2、

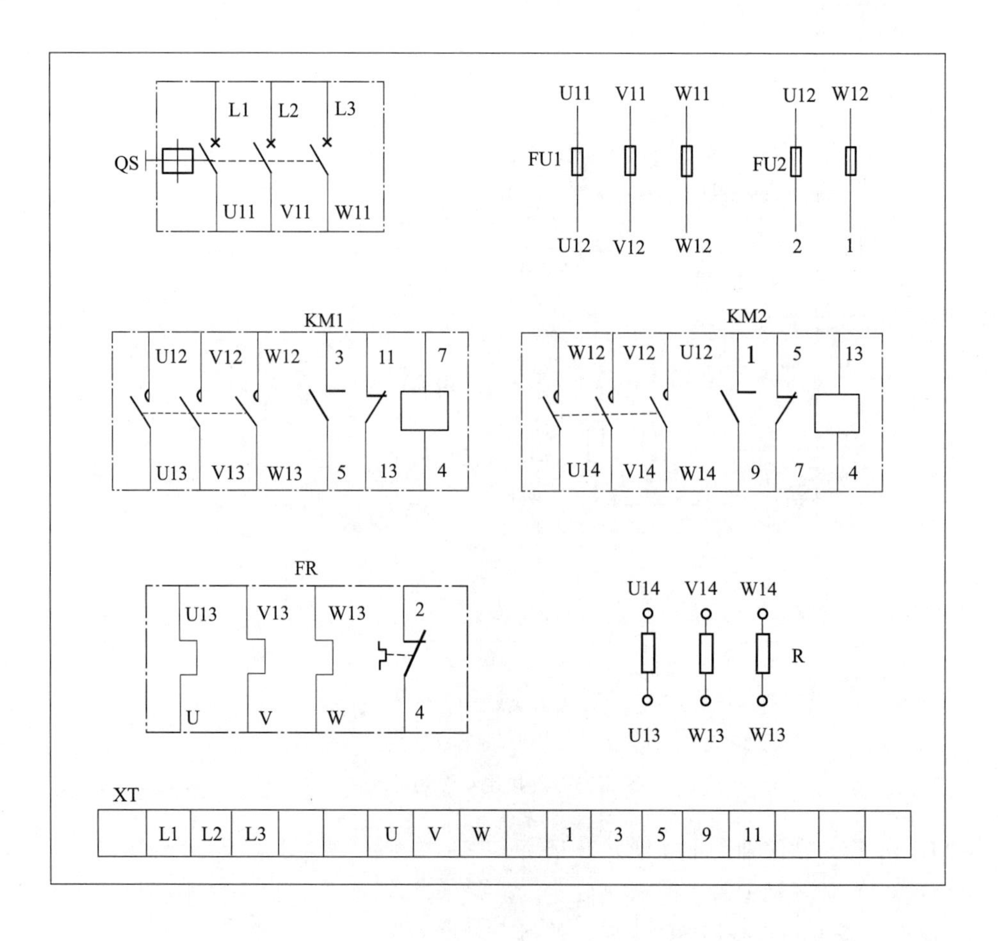


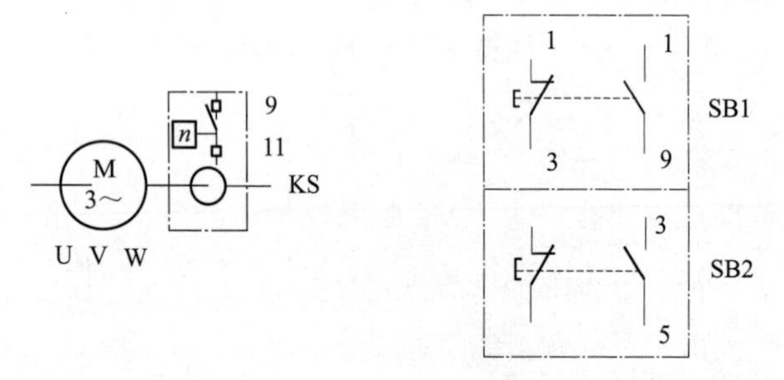


图 2-26 反接制动控制安装接线图

L3 端，刀开关 QS 的 U11、V11、W11 端→主熔断器 FU1 的 U11、V11、W11 端，主熔断器 FU1 的 U12、V12、W12 端→接触器 KM1 主触点的一侧接线端子 U12、V12、W12，接触器 KM1 主触点的另一侧接线端子 U13、V13、W13→热继电器 FR 热元件的一侧接线端子 U13、V13、W13，热继电器 FR 热元件的另一侧接线端子 U、V、W→端子排的 U、V、W 端→电动机的 U、V、W 端。

接触器 KM1 主触点的一侧接线端子 U12、V12、W12→接触器 KM2 主触点的一侧接线端子 U12、V12、W12，接触器 KM2 主触点的另一侧接线端子 U14、V14、W14→限流电阻 R 的 U14、V14、W14 端，限流电阻 R 的 U13、V13、W13 端→接触器 KM1 主触点的另一侧接线端子 U13、V13、W13，注意相序。

② 连接控制电路：主熔断器 FU1 的 W12 端（或接触器 KM1、KM2 主触点的 W12 端）→控制回路熔断器 FU2 的 W12 端，熔断器 FU2 的 1 端→端子排的 1 端→按钮 SB1 常闭触点的 1 端，按钮 SB1 常闭触点的 3 端→按钮 SB2 常开触点的 3 端，按钮 SB2 常开触点的 5 端→端子排的 5 端→接触器 KM2 常闭辅助触点的 5 端，接触器 KM2 常闭辅助触点的 7 端→接触器 KM1 线圈的 7 端，接触器 KM1 线圈的 4 端→热继电器 FR 常闭触点的 4 端，热继电器 FR 常闭触点的 2 端→熔断器 FU2 的 2 端，熔断器 FU2 的 U12 端→主熔断器 FU1 的 U12 端（或接触器 KM1、KM2 主触点的 U12 端）。

按钮 SB1 常闭触点的 3 端（或按钮 SB2 常开触点的 3 端）→端子排的 3 端→接触器 KM1 常开辅助触点的 3 端，接触器 KM1 常开辅助触点的 5 端→接触器 KM2 常闭辅助触点的 5 端。

按钮 SB1 常闭触点的 1 端→按钮 SB1 常开触点的 1 端，按钮 SB1 常开触点的 9 端→端子排的 9 端→速度继电器 KS 常开触点的 9 端，速度继电器 KS 常开触点的 11 端→端子排的 11 端→接触器 KM1 常闭辅助触点的 11 端，接触器 KM1 常闭辅助触点的 13 端→接触器 KM2 线圈的 13 端，接触器 KM2 线圈的 4 端→接触器 KM1 线圈的 4 端。

熔断器 FU2 的 1 端→接触器 KM2 常开辅助触点的 1 端，接触器 KM2 常开辅助触点的 9 端→端子排的 9 端。

(5) 检查器件。

① 用万用表或目视检查元件数量、质量；

② 测量接触器线圈阻抗，为检测控制电路接线是否正确做准备。

(6) 固定控制设备并完成接线。根据元件布置图固定控制设备、根据安装接线图完成接线。

① 注意事项

a. 接线前断开电源。

b. 初学者应按主电路、控制电路的先后顺序，由上至下、由左至右依次连接。

c. 端子排至电动机的线路暂不连接。

d. 为了使导线长度尽可能短、导线数量尽可能少、导线连接尽可能美观方便，除了电源开关 QS 的进线端、出线端不可互换外，其他电器，如熔断器的进出端、接触器主（辅）触点的进出端、接触器线圈的进出端、速度继电器触点的进出端、热继电器热元件的进出端、热继电器常闭触点的进出端、按钮的进出端等均可互换，只是在接线过程中必须记住哪个端子被指定为进线端，哪个端子被指定为出线端。

② 工艺要求

a. 布线通道尽可能少、导线长度尽可能短、导线数量尽可能少。

b. 同路并行导线按主电路、控制电路分类集中，单层密排，紧贴安装面布线。

c. 同一平面的导线应高低一致或前后一致，走线合理，不能交叉或架空。

d. 对螺栓式接点，导线按顺时针方向弯圈；对压片式接点，导线可直接插入压紧；不能压绝缘层、也不能露铜过长。

e. 布线应横平竖直，分布均匀，变换走向时应垂直。

f. 严禁损坏导线绝缘和线芯。

g. 一个接线端子上的连接导线不宜多于两根。

h. 进出线应合理汇集在端子排上。

(7) 检查测量。

① 电源电压　用万用表测量电源电压是否正常。

② 主电路　断开电源进线开关 QS，用手按下接触器衔铁代替接触器通电吸合，检查测量主电路连接是否正确、是否有短路、开路点。

③ 控制电路　用万用表检测控制电路时，必须选用能准确显示线圈阻值的电阻挡并校零，以防止误判。

a. 保持电源进线开关 QS 处于断开状态，万用表表笔搭接在控制电路电源的两端（1、2端），读数应为∞；

b. 按下启动按钮 SB2（或短接 3-5），读数应为 KM1 线圈的阻值；

c. 短接速度继电器 KS 的动合触点，同时按下停止按钮 SB1（或短接 1-9），读数应为 KM2 线圈的阻值。

(8) 通电试车。

① 检查确定无误以后准备通电，提醒同组人员注意安全。

② 无载试车。

a. 合上电源进线开关 QS，按下启动按钮 SB2，接触器 KM1 应通电并自保持；

b. 保持速度继电器 KS 的动合触点处于短接状态、按下停止按钮 SB1，接触器 KM1 应断电释放，同时接触器 KM2 应通电并自保持。

③ 有载试车。断开电源进线开关 QS，断开速度继电器 KS 动合触点的短接导线，连接电动机。

a. 合上电源进线开关 QS，按下启动按钮 SB2，电动机通电旋转，松开启动按钮 SB2，电动机继续旋转；

b. 按下停止按钮 SB1，电动机应迅速制动。

**【链接 25】** 反接制动控制

【学习评价】‹‹‹—

填写“反接制动控制安装接线评价表”（见表 2-13），操作时间：100min。

**表 2-13　反接制动控制安装接线评价表**

| 项目 | 配分 | 评分要素 | 评分标准 | 得分 | 备注 |
|---|---|---|---|---|---|
| 准备 | 5 | 准备万用表、接线工具 | 每少准备一件－1 分(扣满为止,下同) | | |
| 绘图识图 | 10 | ①能绘制原理图并标注节点<br>②能说明工作原理、保护<br>③能绘制元件布置图、安装接线图 | ①不能绘制原理图并完成节点标注－5 分<br>②不能说明工作原理、保护－5 分<br>③不能绘制元件布置图、安装接线图－5 分 | | |
| 选择器材 | 10 | ①能合理选择所需器件<br>②能合理选择导线 | ①不能合理选择器件,每件－2 分<br>②不能合理选择导线－2 分 | | |
| 查测元件 | 5 | ①检查元件数量、质量<br>②测量线圈阻抗 | ①未检查元件数量、质量,每件－2 分<br>②未测量线圈阻抗－2 分 | | |

续表

| 项目 | 配分 | 评分要素 | 评分标准 | 得分 | 备注 |
|---|---|---|---|---|---|
| 安装接线工艺要求 | 30 | ①按图接线<br>②布线符合要求<br>③采用板前配线<br>④接点牢固<br>⑤导线弯角成 90°<br>⑥不损伤导线、元件<br>⑦各方向上要互相垂直或平行、导线排列平整、美观 | ①不按图接线－5 分<br>②主电路、控制电路布线错误－5 分<br>③未采用板前配线－5 分<br>④接点松动、露铜过长(从外沿计算,大于 1mm)、压绝缘层、反圈,每处－1 分<br>⑤布线弯角不接近 90°,每处－1 分<br>⑥损伤导线绝缘或线芯、损坏元件每处(件)－1 分<br>⑦布线有明显交叉,每处－1 分,整体布线较乱－5 分 | | |
| 检查测量 | 10 | ①检查电源是否正常<br>②检查主电路、控制电路连接是否正确 | ①上电前未检查电源电压是否符合要求－5 分,未检查熔断器－3 分,未采用防护措施－5 分<br>②未检查主、控制电路连接是否正确－5 分 | | |
| 通电试车 | 30 | 能实现任务要求的控制 | 不能正常运行－30 分 | | |
| 安全文明生产 | | ①能遵守国家或企业、实训室有关安全规定<br>②能在规定的时间内完成 | ①每违反一项规定,从总分中－5 分,严重违规者停止操作<br>②每超时 1min－5 分(提前完成不加分;超时 3min 停止操作) | | |
| 合计 | 100 | | | | |

## 【问题讨论】

(1) 是否可以采用时间继电器控制制动的结束代替采用转速继电器控制制动的结束？为什么？

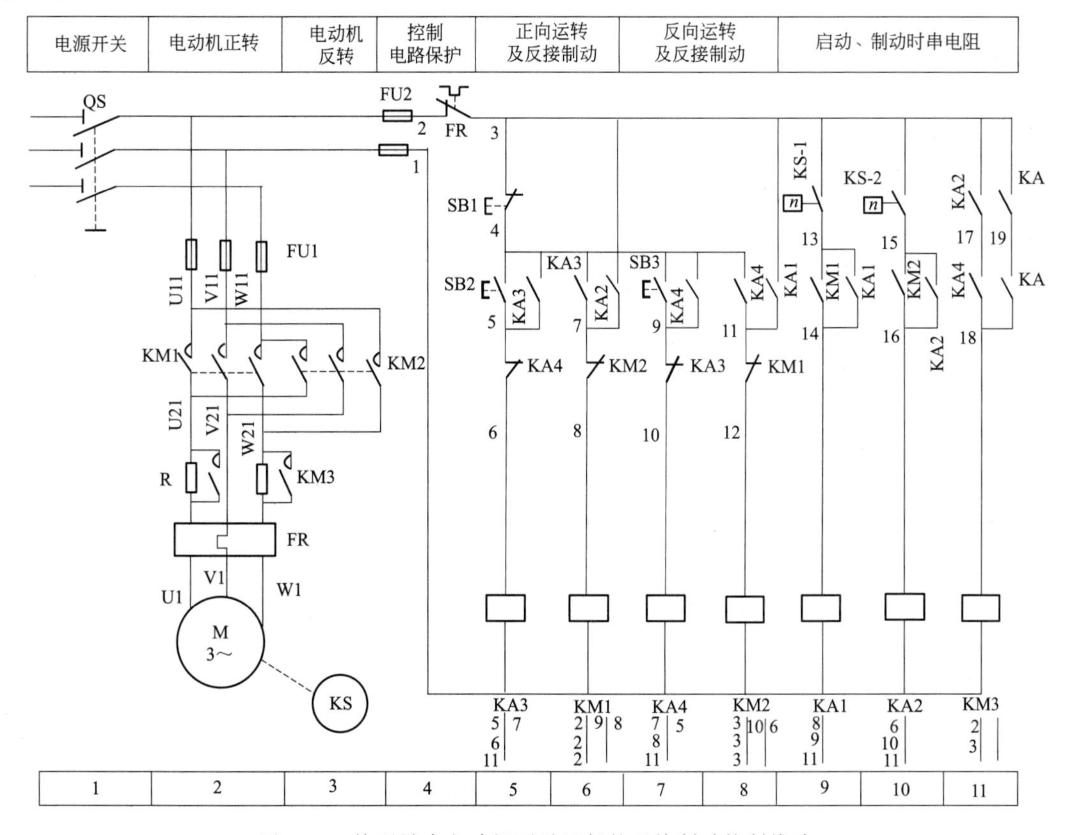


图 2-27 笼型异步电动机可逆运行的反接制动控制线路

(2) 制动时若只是轻轻按下 SB1，会出现什么现象?

(3) 图 2-27 为笼型异步电动机可逆运行的反接制动控制线路，试分析其制动工作过程。

# 第十四节　单管能耗制动控制线路的装接

**【任务描述】**

某生产设备由一台三相笼型异步电动机拖动。根据生产设备的具体工作情况，要求该电动机应能实现单向直接启动、连续运行，具有短路保护、过载保护、欠（失）压保护功能，能远距离频繁操作、能平稳制动，同时其控制方式应力求结构简单、价格便宜。

试完成该电动机控制线路的正确装接。

**【控制方案】**

根据本任务的任务描述和控制要求，宜选择单管能耗制动控制方式。

**【实训目的】**

(1) 能根据控制要求绘制单管能耗制动控制原理图。

(2) 能掌握单管能耗制动控制工作原理。

(3) 能完成单管能耗制动控制原理图的节点标注。

(4) 能根据标注的原理图绘制出安装接线图。

(5) 能根据安装接线图独立完成接线。

(6) 能根据原理图检测控制电路接线是否正确，分析出现故障的原因及可能。

(7) 能根据安装接线图确定故障的位置，并进行维修。

**【任务实施】**

**一、工具及器材**

(1) 工具：万用表以及螺钉旋具（一字、十字）、剥线钳、尖嘴钳、钢丝钳等常用接线工具；

(2) 器材：动力电源、带漏电保护低压断路器 1 个、熔断器 5 个、接触器 2 个、热继电器 1 个、时间继电器 1 个、整流二极管和限流电阻各 1 个、两联按钮 1 个、电动机 1 台、导线若干。

**二、实施步骤**

(1) 绘制原理图、标注节点号码，如图 2-28 所示。

(2) 熟悉电路中各设备的作用。

(3) 分析工作原理。

① 工作原理

a. 启动　合上电源开关 QF，按下启动按钮 SB2→KM1 线圈通电→KM1 所有触点动作：

KM1 主触点闭合→电动机单向启动；

KM1(3-4) 常开辅助触点闭合→自锁；

KM1(7-8) 常闭辅助触点断开→互锁。

b. 制动　按下停止按钮 SB1→SB1 的所有触点动作：

SB1(2-3) 常闭触点先断开→KM1 线圈断电→KM1 所有触点复位：

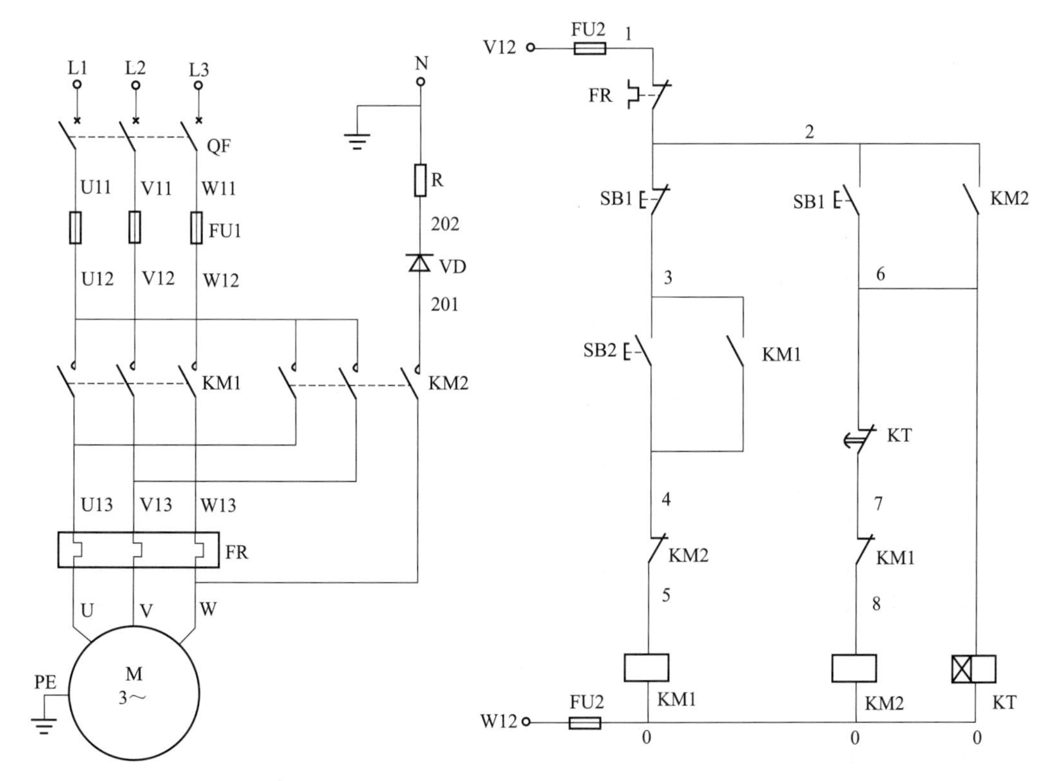


图 2-28 单管能耗制动控制原理图

KM1 主触点断开→电动机定子绕组脱离三相交流电源；

KM1(3-4) 常开辅助触点断开→解除自锁；

KM1(7-8) 常闭辅助触点闭合→为 KM2 线圈通电做准备。

SB1(2-6) 常开触点后闭合→KM2、KT 线圈同时通电；

KM2 线圈通电→KM2 所有触点动作：

KM2 主触点闭合→将电动机定子绕组接入直流电源进行能耗制动；

KM2(2-6) 常开辅助触点闭合→自锁；

KM2(4-5) 常闭辅助触点断开→互锁。

KT 线圈通电→开始延时→当转速接近零时 KT 延时结束→KT(6-7) 常闭触点断开→KM2 线圈断电→KM2 所有触点复位：

KM2 主触点断开→断开直流电源；

KM2(2-6) 常开辅助触点断开→KT 线圈断电→KT(6-7) 常闭触点瞬时闭合；

KM2(4-5) 常闭辅助触点闭合。

② 特点 能耗制动的特点是制动电流较小、能量损耗小、制动准确，但它需要直流电源，制动速度较慢，通常适用于电动机容量较大、启动、制动频繁、要求平稳制动的场合。

(4) 绘制安装接线图，如图 2-29 所示。

① 连接主电路：外部三相交流电源→端子排的 L1、L2、L3 端→低压断路器 QF 的 L1、L2、L3 端，低压断路器 QF 的 U11、V11、W11 端→主熔断器 FU1 的 U11、V11、W11 端，主熔断器 FU1 的 U12、V12、W12 端→接触器 KM1 主触点的一侧接线端子 U12、V12、W12，接触器 KM1 主触点的另一侧接线端子 U13、V13、W13→热继电器 FR 热元件

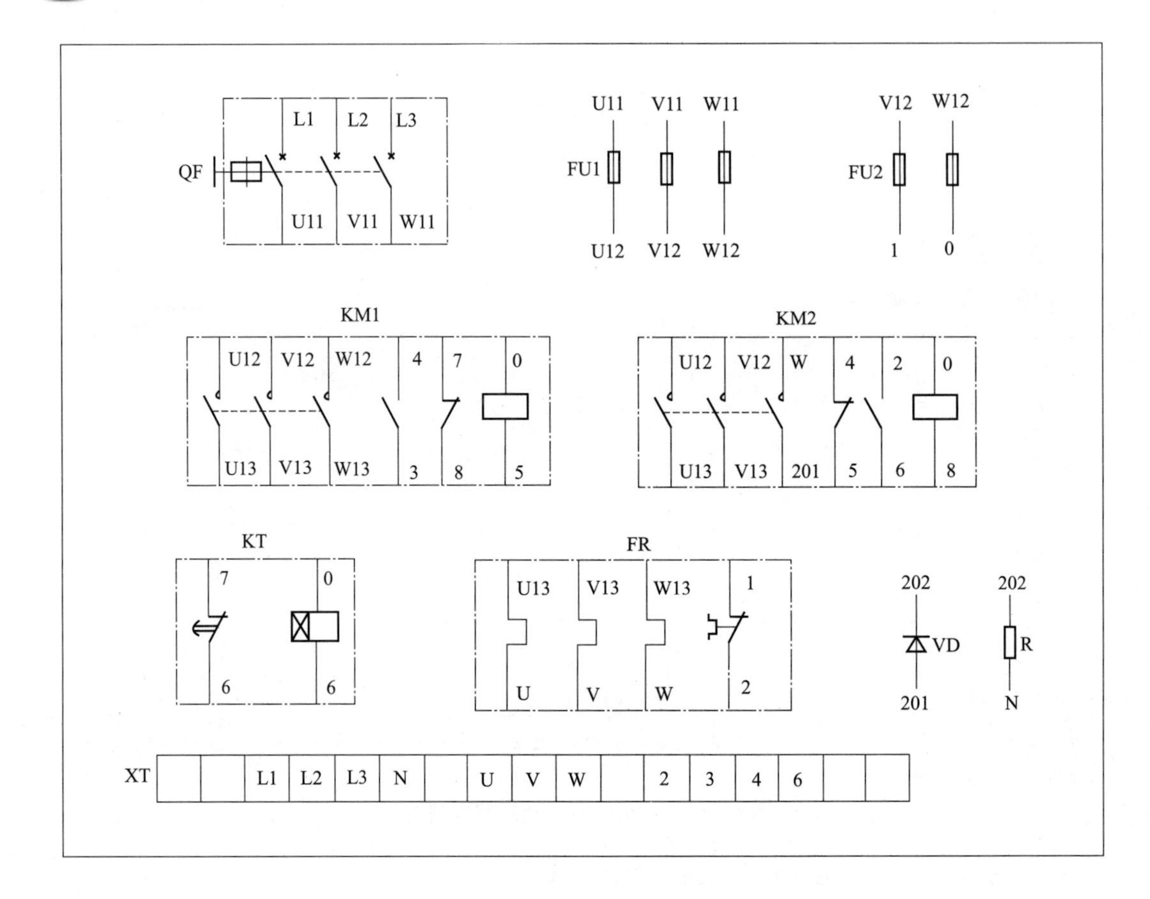


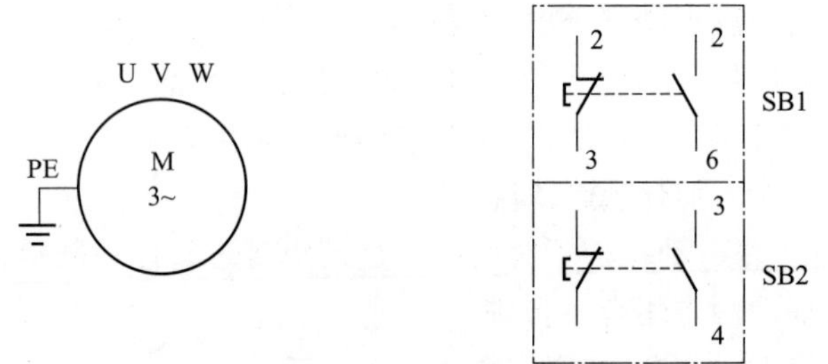


图 2-29　单管能耗制动控制安装接线图

的一侧接线端子 U13、V13、W13，热继电器 FR 热元件的另一侧接线端子 U、V、W→端子排的 U、V、W 端→电动机的 U、V、W 端。

接触器 KM1 主触点的接线端子 U12→接触器 KM2 主触点的接线端子 U12（两相），接触器 KM2 主触点的另一侧接线端子 U13、V13→接触器 KM1 主触点的接线端子 U13、V13，热继电器 FR 热元件的接线端子 W→接触器 KM2 主触点的接线端子 W，接触器 KM2 主触点的接线端子 201→二极管 VD 的 201 端，二极管 VD 的 202 端→限流电阻 R 的 202 端，限流电阻 R 的 N 端→电源的 N 端。

② 连接控制电路：主熔断器 FU1 的 V12 端（或接触器 KM1 主触点的 V12 端）→控制回路熔断器 FU2 的 V12 端，熔断器 FU2 的 1 端→热继电器 FR 常闭触点的 1 端，热继电器 FR 常闭触点的 2 端→端子排的 2 端→按钮 SB1 常闭触点的 2 端，按钮 SB1 常闭触点的 3 端→按钮 SB2 常开触点的 3 端，按钮 SB2 常开触点的 4 端→端子排的 4 端→接触器 KM2 常

闭辅助触点的 4 端，接触器 KM2 常闭辅助触点的 5 端→接触器 KM1 线圈的 5 端，接触器 KM1 线圈的 0 端→熔断器 FU2 的 0 端，熔断器 FU2 的 W12 端→主熔断器 FU1 的 W12 端（或接触器 KM1 主触点的 W12 端）。

按钮 SB1 常闭触点的 3 端（或按钮 SB2 常开触点的 3 端）→端子排的 3 端→接触器 KM1 常开辅助触点的 3 端，接触器 KM1 常开辅助触点的 4 端→接触器 KM2 常闭辅助触点的 4 端。

按钮 SB1 常闭触点的 2 端→按钮 SB1 常开触点的 2 端，按钮 SB1 常开触点的 6 端→端子排的 6 端→时间继电器 KT 常闭触点的 6 端，时间继电器 KT 常闭触点的 7 端→接触器 KM1 常闭辅助触点的 7 端，接触器 KM1 常闭辅助触点的 8 端→接触器 KM2 线圈的 8 端，接触器 KM2 线圈的 0 端→接触器 KM1 线圈的 0 端。

热继电器 FR 常闭触点的 2 端→接触器 KM2 常开辅助触点的 2 端，接触器 KM2 常开辅助触点的 6 端→时间继电器 KT 常闭触点的 6 端，时间继电器 KT 常闭触点的 6 端→时间继电器 KT 线圈的 6 端，时间继电器 KT 线圈的 0 端→接触器 KM2 线圈的 0 端。

（5）检查器件。

① 用万用表或目视检查元件数量、质量；

② 测量接触器线圈阻抗，为检测控制电路接线是否正确做准备。

（6）固定控制设备并完成接线。根据元件布置图固定控制设备、根据安装接线图完成接线。

① 注意事项

a. 接线前断开电源。

b. 初学者应按主电路、控制电路的先后顺序，由上至下、由左至右依次连接。

c. 端子排至电动机的线路暂不连接。

d. 为了使导线长度尽可能短、导线数量尽可能少、导线连接尽可能美观方便，除了电源开关 QF 的进线端、出线端不可互换外，其他电器，如熔断器的进出端、接触器主（辅）触点的进出端、接触器线圈的进出端、时间继电器线圈的进出端、时间继电器触点的进出端、热继电器热元件的进出端、热继电器常闭触点的进出端、按钮的进出端等均可互换，只是在接线过程中必须记住哪个端子被指定为进线端，哪个端子被指定为出线端。

② 工艺要求

a. 布线通道尽可能少、导线长度尽可能短、导线数量尽可能少。

b. 同路并行导线按主电路、控制电路分类集中，单层密排，紧贴安装面布线。

c. 同一平面的导线应高低一致或前后一致，走线合理，不能交叉或架空。

d. 对螺栓式接点，导线按顺时针方向弯圈；对压片式接点，导线可直接插入压紧；不能压绝缘层、也不能露铜过长。

e. 布线应横平竖直，分布均匀，变换走向时应垂直。

f. 严禁损坏导线绝缘和线芯。

g. 一个接线端子上的连接导线不宜多于两根。

h. 进出线应合理汇集在端子排上。

（7）检查测量。

① 电源电压　用万用表测量电源电压是否正常。

② 主电路　断开电源进线开关 QF，用手按下接触器衔铁代替接触器通电吸合，检查测

量主电路连接是否正确、是否有短路、开路点。

③ 控制电路　用万用表检测控制电路时，必须选用能准确显示线圈阻值的电阻挡并校零，以防止误判。

a. 保持电源进线开关 QF 处于断开状态，万用表表笔搭接在控制电路电源的两端（1、0 端），读数应为∞；

b. 按下启动按钮 SB2（或短接 3-4），读数应为 KM1 线圈的阻值；

c. 按下制动按钮 SB1（或短接 2-6），读数应为 KM2、KT 线圈并联的阻值。

（8）通电试车。

① 检查确定无误以后准备通电，提醒同组人员注意安全。

② 无载试车。

a. 合上电源进线开关 QF，按下启动按钮 SB2，接触器 KM1 应通电并自保持；

b. 按下制动按钮 SB1，接触器 KM1 应断电释放，同时接触器 KM2 应通电并自保持，经短暂延时，接触器 KM2、时间继电器 KT 应断电释放。

③ 有载试车。断开电源进线开关 QF，连接电动机。

a. 合上电源进线开关 QF，按下启动按钮 SB2，电动机应通电旋转，松开启动按钮 SB2，电动机应继续旋转；

b. 按下停止按钮 SB1，电动机迅速制动。

**【链接 26】** 能耗制动

## 【学习评价】

填写“单管能耗制动控制安装接线评价表”（见表 2-14），操作时间：100min。

**表 2-14　单管能耗制动控制安装接线评价表**

| 项目 | 配分 | 评分要素 | 评分标准 | 得分 | 备注 |
|---|---|---|---|---|---|
| 准备 | 5 | 准备万用表、接线工具 | 每少准备一件－1 分(扣满为止，下同) | | |
| 绘图识图 | 10 | ①能绘制原理图并标注节点<br>②能说明工作原理、保护<br>③能绘制元件布置图、安装接线图 | ①不能绘制原理图并完成节点标注－5 分<br>②不能说明工作原理、保护－5 分<br>③不能绘制元件布置图、安装接线图－5 分 | | |
| 选择器材 | 10 | ①能合理选择所需器件<br>②能合理选择导线 | ①不能合理选择器件，每件－2 分<br>②不能合理选择导线－2 分 | | |
| 查测元件 | 5 | ①检查元件数量、质量<br>②测量线圈阻抗 | ①未检查元件数量、质量，每件－2 分<br>②未测量线圈阻抗－2 分 | | |
| 安装接线工艺要求 | 30 | ①按图接线<br>②布线符合要求<br>③采用板前配线<br>④接点牢固<br>⑤导线弯角成 90°<br>⑥不损伤导线、元件<br>⑦各方向上要互相垂直或平行、导线排列平整、美观 | ①不按图接线－5 分<br>②主电路、控制电路布线错误－5 分<br>③未采用板前配线－5 分<br>④接点松动、露铜过长(从外沿计算，大于 1mm)、压绝缘层、反圈，每处－1 分<br>⑤布线弯角不接近 90°，每处－1 分<br>⑥损伤导线绝缘或线芯、损坏元件每处(件)－1 分<br>⑦布线有明显交叉，每处－1 分，整体布线较乱－5 分 | | |

续表

| 项目 | 配分 | 评分要素 | 评分标准 | 得分 | 备注 |
| --- | --- | --- | --- | --- | --- |
| 检查测量 | 10 | ①检查电源是否正常<br>②检查主电路、控制电路连接是否正确 | ①上电前未检查电源电压是否符合要求－5分，未检查熔断器－3分，未采用防护措施－5分<br>②未检查主、控制电路连接是否正确－5分 | | |
| 通电试车 | 30 | 能实现任务要求的控制 | 不能正常运行－30分 | | |
| 安全文明生产 | | ①能遵守国家或企业、实训室有关安全规定<br>②能在规定的时间内完成 | ①每违反一项规定，从总分中－5分，严重违规者停止操作<br>②每超时1min－5分(提前完成不加分；超时3min停止操作) | | |
| 合计 | 100 | | | | |

【问题讨论】

图2-30为速度原则控制的可逆运行能耗制动控制线路，试分析其制动工作过程。

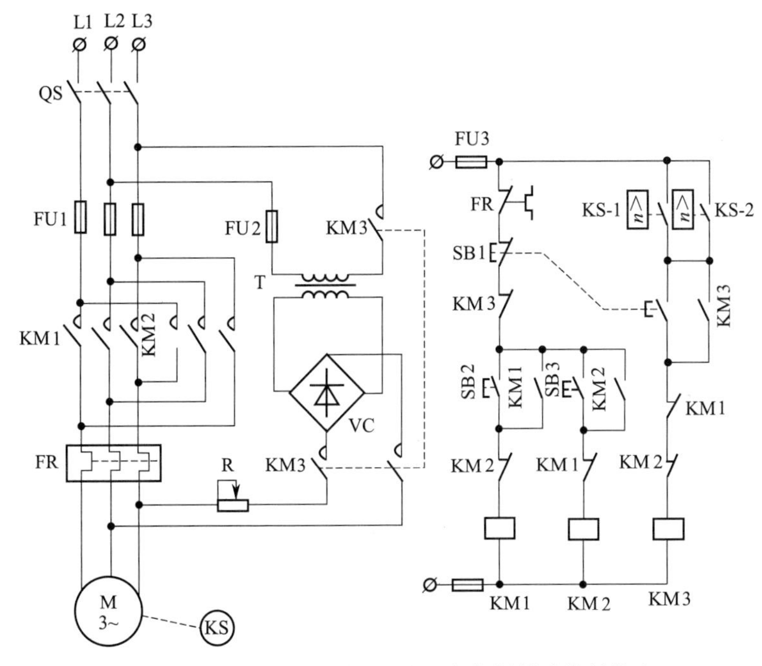


图2-30　速度原则控制的可逆运行能耗制动控制线路

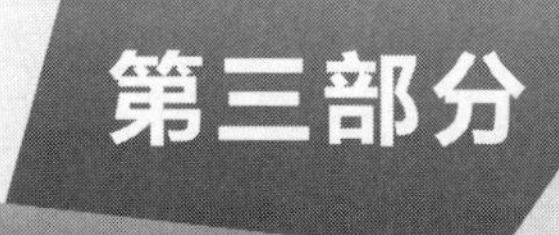


# 电路故障检修与用电安全

## 第一节　电气控制电路故障检查的常用方法

检查故障的常用方法有电压法、电阻法、短接法、等效替代法等。

**一、电压测量法**

电压测量法是指利用万用表电压挡，通过测量机床电气电路上某两点间的电压值来判断故障点的范围或故障元器件的方法。

① 电压分阶测量法　电压分阶测量法如图 3-1 所示。

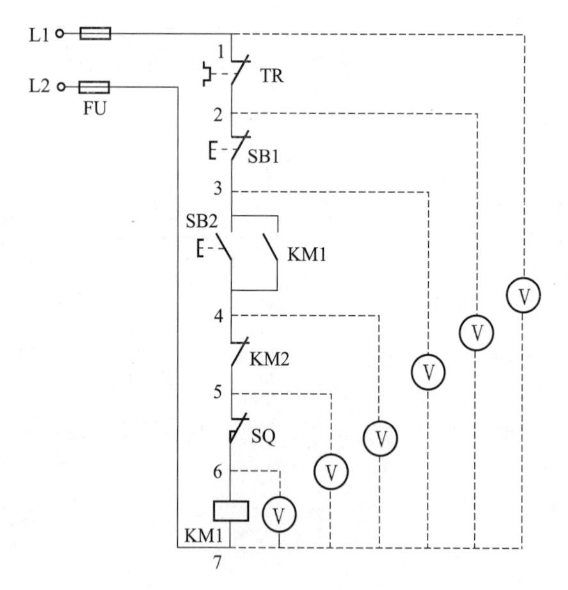


图 3-1　电压的分阶测量法

检查时把万用表扳到交流电压 500V 挡位上。首先用万用表测量 7、1 两点间的电压，若电压为 380V，则说明控制电路的电源正常。然后按住启动按钮 SB2 不放，同时将黑色表笔接到点 7 上，红色表笔依次接到 2、3、4、5、6 各点上，依次测量 7-2、7-3、7-4、7-5、7-6 两点间的电压，各阶的电压值均应为 380V。若测得某两点（如 7-5 点）之间无电压，说明点 5 以前的触点或接线有断路故障，一般是点 5 后第一个触点（KM2）接触不良或连接线断路。这种测量方法如台阶一样依次测量电压，所以叫电压分阶测量法。电压分阶测量法查找故障原因如表 3-1 所示。

**表 3-1　电压分阶测量法查找故障原因**

| 故障现象 | 测试状态 | 分阶电压/V | | | | | 故障原因 |
|---|---|---|---|---|---|---|---|
| | | 7-2 | 7-3 | 7-4 | 7-5 | 7-6 | |
| 按下 SB2<br>KM1 不吸合 | 按住 SB2<br>不放 | 0 | 0 | 0 | 0 | 0 | FR 常闭触点接触不良或连线断路 |
| | | 380 | 0 | 0 | 0 | 0 | SB1 常闭触点接触不良或连线断路 |
| | | 380 | 380 | 0 | 0 | 0 | SB2 常开触点接触不良或连线断路 |
| | | 380 | 380 | 380 | 0 | 0 | KM2 常闭触点接触不良或连线断路 |
| | | 380 | 380 | 380 | 380 | 0 | SQ 常闭触点接触不良或连线断路 |
| | | 380 | 380 | 380 | 380 | 380 | KM1 线圈断路或连线断路 |

② 电压分段测量法　电压的分段测量法如图 3-2 所示。

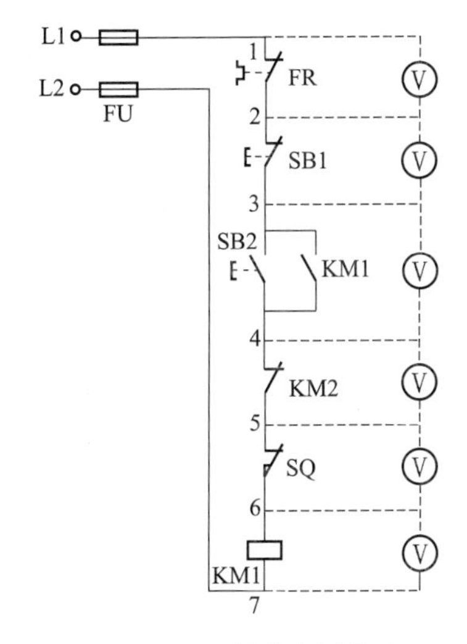


图 3-2　电压的分段测量法

检查时把万用表扳到交流电压 500V 挡位上。首先用万用表测量 1、7 两点间的电压，若电压为 380V，则说明控制电路的电源正常。然后按住启动按钮 SB2 不放，逐段测量相邻两点 1-2、2-3、3-4、4-5、5-6、6-7 间的电压，根据其测量结果即可找出故障原因。电压分段测量法查找故障原因如表 3-2 所示。

**表 3-2　电压分段测量法查找故障原因**

| 故障现象 | 测试状态 | 分段电压/V | | | | | | 故障原因 |
|---|---|---|---|---|---|---|---|---|
| | | 1-2 | 2-3 | 3-4 | 4-5 | 5-6 | 6-7 | |
| 按下 SB2<br>KM1 不吸合 | 按住 SB2<br>不放 | 380 | 0 | 0 | 0 | 0 | 0 | FR 常闭触点接触不良或连线断路 |
| | | 0 | 380 | 0 | 0 | 0 | 0 | SB1 常闭触点接触不良或连线断路 |
| | | 0 | 0 | 380 | 0 | 0 | 0 | SB2 常开触点接触不良或连线断路 |
| | | 0 | 0 | 0 | 380 | 0 | 0 | KM2 常闭触点接触不良或连线断路 |
| | | 0 | 0 | 0 | 0 | 380 | 0 | SQ 常闭触点接触不良或连线断路 |
| | | 0 | 0 | 0 | 0 | 0 | 380 | KM1 线圈断路或连线断路 |

## 二、电阻测量法

电阻测量法是指利用万用表电阻挡，通过测量机床电气电路上某两点间的电阻值来判断故障点的范围或故障元器件的方法。

（1）电阻分阶测量法　电阻的分阶测量法如图 3-3 所示。

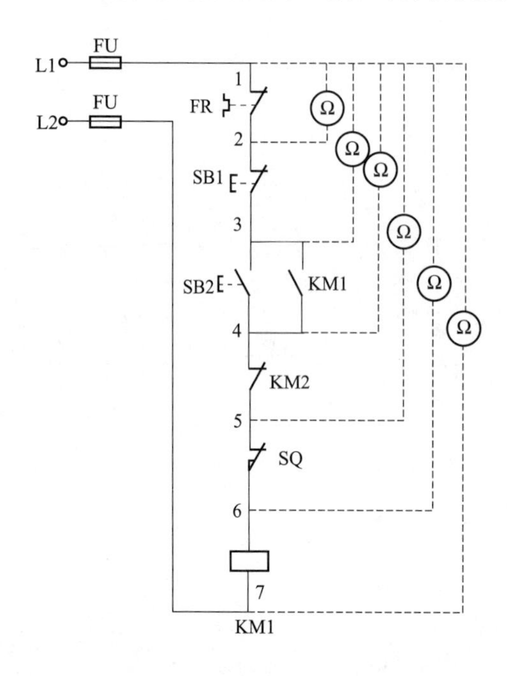


图 3-3　电阻的分阶测量法

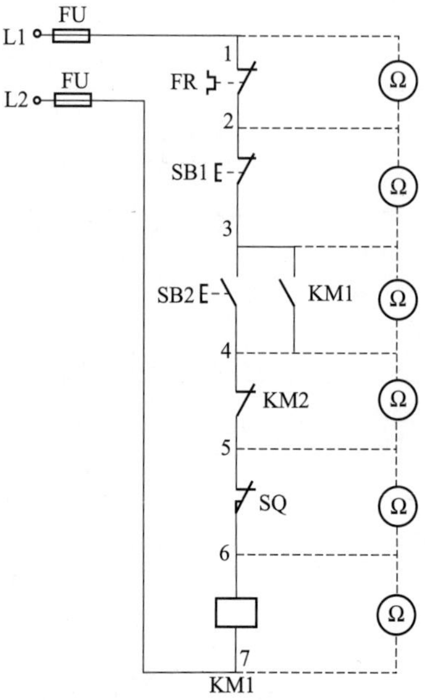

图 3-4　电阻的分段测量法

断开控制电源，按下 SB2 不放松，用万用表的电阻挡先测量 1-7 两点间的电阻，如电阻值为“∞”，说明 1-7 之间的电路有断路。然后分阶测量 1-2、1-3、1-4、1-5、1-6、1-7 各点间电阻值。若电路正常，则各两点间的电阻值为“0”，当测量到某标号间的电阻值为“∞”，则说明表笔刚跨过的触点接触不良或连接导线断路。电阻分阶测量法查找故障原因如表 3-3 所示。

**表 3-3　电阻分阶测量法查找故障原因**

| 故障现象 | 测试状态 | 分阶电阻/Ω | | | | | | 故障原因 |
|---|---|---|---|---|---|---|---|---|
| | | 1-2 | 1-3 | 1-4 | 1-5 | 1-6 | 1-7 | |
| 按下 SB2<br>KM1 不吸合 | 按住 SB2<br>不放 | ∞ | | | | | | FR 常闭触点接触不良或连线断路 |
| | | 0 | ∞ | | | | | SB1 常闭触点接触不良或连线断路 |
| | | 0 | 0 | ∞ | | | | SB2 常开触点接触不良或连线断路 |
| | | 0 | 0 | 0 | ∞ | | | KM2 常闭触点接触不良或连线断路 |
| | | 0 | 0 | 0 | 0 | ∞ | | SQ 常闭触点接触不良或连线断路 |
| | | 0 | 0 | 0 | 0 | 0 | ∞ | KM1 线圈断路或连线断路 |

（2）电阻分段测量法　电阻的分段测量法如图 3-4 所示。

断开控制电源，按下 SB2 不放松，然后依次逐段测量相邻两标号点 1-2、2-3、3-4、4-5、5-6、6-7 间的电阻。若电路正常，除 6-7 两点间的电阻值为 KM1 线圈电阻外，其余各标号间电阻应为“0”。如测得某两点间的电阻为“∞”，则说明这两点间的触点接触不良或连接导线断路。电阻分段测量法查找故障原因如表 3-4 所示。

（3）电阻测量法的注意事项

① 用电阻测量法检查故障时一定要断开电源。

**表 3-4 电阻分段测量法查找故障原因**

| 故障现象 | 测试状态 | 分段电阻/Ω | | | | | | 故障原因 |
|---|---|---|---|---|---|---|---|---|
| | | 1-2 | 2-3 | 3-4 | 4-5 | 5-6 | 6-7 | |
| 按下 SB2<br>KM1 不吸合 | 按住 SB2<br>不放 | ∞ | | | | | | FR 常闭触点接触不良或连线断路 |
| | | 0 | ∞ | | | | | SB1 常闭触点接触不良或连线断路 |
| | | 0 | 0 | ∞ | | | | SB2 常开触点接触不良或连线断路 |
| | | 0 | 0 | 0 | ∞ | | | KM2 常闭触点接触不良或连线断路 |
| | | 0 | 0 | 0 | 0 | ∞ | | SQ 常闭触点接触不良或连线断路 |
| | | 0 | 0 | 0 | 0 | 0 | ∞ | KM1 线圈断路或连线断路 |

② 如果被测的电路与其他电路并联，必须将其他电路断开，即断开寄生回路，否则所得的电阻值是不准确的。

③ 测量高电阻值的电气元器件时，把万用表的选择开关旋转至适当的电阻挡位。

## 三、短接法

短接法是指用导线将机床电路中两等点位点短接，以缩小故障范围，从而确定故障范围或故障点的方法。

（1）局部短接法 局部短接法如图 3-5 所示。

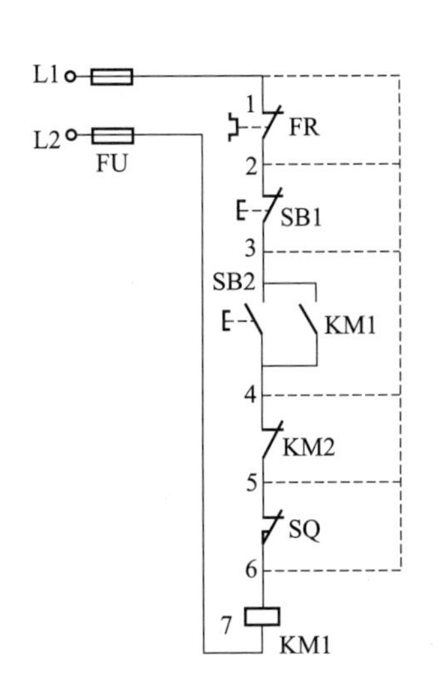


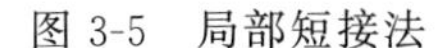
图 3-5 局部短接法

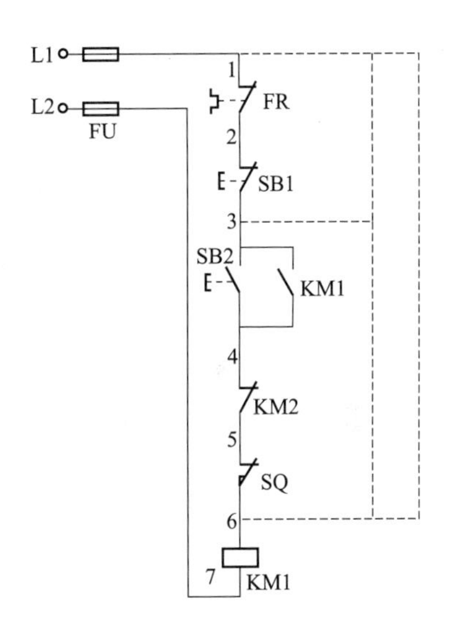


图 3-6 长短接法

检查前先用万用表测量 1-7 两点间的电压值，若电压正常，可按下启动按钮不放松，然后用一根绝缘良好的导线，分别短接标号相邻的两点，如短接 1-2、2-3、3-4、4-5、5-6。当短接到某两点时，接触器 KM1 吸合，说明断路故障就在两点之间。局部短接法查找故障原因如表 3-5 所示。

**表 3-5 局部短接法查找故障原因**

| 故障现象 | 短接点 | KM1 的动作 | 故障原因 |
|---|---|---|---|
| 按下 SB2<br>KM1 不吸合 | 1-2 | 吸合 | FR 常闭触点接触不良或连线断路 |
| | 2-3 | 吸合 | SB1 常闭触点接触不良或连线断路 |
| | 3-4 | 吸合 | SB2 常开触点接触不良或连线断路 |
| | 4-5 | 吸合 | KM2 常闭触点接触不良或连线断路 |
| | 5-6 | 吸合 | SQ 常闭触点接触不良或连线断路 |

（2）长短接法　长短接法如图 3-6 所示。

当 FR 的常闭触点和 SB1 的常闭触点同时接触不良时，若用上述局部短接法短接 1-2 点，按下启动按钮 SB2，KM1 仍然不会吸合，此时可能会造成判断错误。

长短接法是指一次短接两个或多个触点，检查断路故障的方法。检查前先用万用表测量 1-7 两点间的电压值，若电压正常，用一根绝缘良好的导线将 1-6 短接，若 KM1 吸合，则说明 1-6 这段电路中有断路故障，然后短接 1-3 和 3-6，若短接 1-3 时 KM1 吸合，则说明故障在 1-3 短范围内，再用局部短接法短接 1-2 和 2-3，就能很快地排除电路的断路故障。

长短接法可把故障点缩小到一个较小的范围，长短接法和局部短接法结合使用，可以很快找出故障点。

（3）短接法的注意事项

① 短接法是用手拿绝缘导线带电操作的，所以一定要注意安全，避免触电事故发生。

② 短接法只适用于检查电压等级较低、电流较小的导线和触点之类的断路故障，对于电压等级较高、电流较大的导线和触点之类的断路故障不能采用短接法。

③ 对于机床的某些重要部位，必须在保障电器设备或机械部位不会出现事故的前提下才能使用短接法。

**四、等效替代法**

等效替代法是指用完好的、同型号的电气元件替代怀疑可能已经损坏的电气元件，来判断故障点的范围或故障元器件的方法。

## 第二节　常用机床电气电路的故障检修

**一、机床电气原理图的识读方法**

掌握机床电气原理图的识读方法，对于分析电气电路、排除机床电路故障是十分有意义的。机床电气原理图一般由主电路、控制电路、辅助电路等几部分组成，识读方法如下。

1. 阅读相关的技术资料

在识读机床电气原理图前，应阅读相关的技术资料，对设备有一个总体的了解。阅读的主要内容有：

① 设备的基本结构、运动形式、工艺要求和操作方法；

② 设备机械、液压系统的基本结构、原理，以及与电气控制系统的关系；

③ 相关电器的安装位置和在控制电路中的作用；

④ 设备对电力拖动的要求、对电气控制和保护的要求。

2. 识读主电路

主电路是全图的基础，电气原理图主电路的识读一般按照以下四个步骤进行：

① 看电路及设备的供电电源；

② 分析主电路共有几台电动机，并了解各台电动机的作用；

③ 分析各台电动机的工作状况及他们的制约关系；

④ 了解电动机经过哪些控制电器到达电源，与这些器件有关联的部分各处在图上哪个区域，各台电动机相关的保护电器有哪些。

3. 识读控制电路

控制电路是全图的重点，在分析时要结合主电路的控制要求，利用前面介绍过的基础知识，将控制电路划分为若干个单元，按以下三个步骤进行分析：

① 弄清控制电路的电源电压。电动机台数较少、控制线路简单的设备，其控制电路的电源电压常采用 AC380V；电动机台数较多、控制线路复杂的设备，其控制电路的电源电压常采用 AC220V、AC127V、AC110V 等，这些控制电压可由控制变压器提供；

② 按布局顺序从左到右依次看懂每条控制支路是如何控制主电路的；

③ 结合主电路有关元器件对控制电路的要求，分析出控制电路的动作过程。

4. 识读辅助电路

辅助电路部分相对简单和独立，主要包括检测电路、信号指示电路、照明电路等环节。

5. 联锁与保护环节

为了满足生产机械对安全性、可靠性的要求，在控制电路中还设置了一系列的电气保护和联锁。在识读机床电气原理图过程中，要结合主电路和控制电路的控制要求进行分析。

## 二、电气控制电路故障诊断的步骤和注意事项

1. 故障调查

① 问：询问机床操作人员故障发生前后的情况如何，有利于根据电气设备的工作原理来判断发生故障的部位，分析出故障的原因。

② 看：观察熔断器内的熔体是否熔断；其他电器元件是否烧毁、发热、断线；导线连接螺钉是否松动；触点是否氧化、积尘等。要特别注意高电压、大电流的地方，活动机会多的部位，容易受潮的接插件等。

③ 听：电动机、变压器、接触器等正常运行时的声音和发生故障时的声音是有区别的，听声音是否正常，可以帮助寻找故障的范围、部位。

④ 闻：辨别有无异味，如绝缘烧毁会产生焦煳味等。

⑤ 摸：电动机、电磁线圈、变压器等发生故障时，温度会显著上升，可切断电源后用手去触摸，判断元件是否正常。

注意：不论电路通电或是断电，要特别注意不能用手直接去触摸金属触点！必须借助仪表来测量。

2. 电路分析

根据故障现象和调查结果，结合该电气设备的电气原理图，初步判断出故障产生的部位，然后逐步缩小故障范围，直至找到故障点并加以消除。

无电气原理图时，首先查清不动作的电动机的工作电路。在不通电的情况下，以该电动机的接线盒为起点开始查找，顺着电源线找到相应的控制接触器。然后，以此接触器为核心，一路从主触点开始，继续查到三相电源，查清主电路；一路从接触器线圈的两个接线端子开始向外延伸，弄清控制电路的来龙去脉。必要的时候边查找边画出草图。若需拆卸，则要记录拆卸的顺序、电器的结构等，再采取排除故障的措施。

分析故障时应有针对性，如接地故障一般先考虑电气柜外的电气装置，后考虑电气柜内的电气元件；断路和短路故障，应先考虑动作频繁的元件，后考虑其余元件。

3. 断电检查

检查前先断开机床总电源，然后根据故障可能产生的部位，逐步找出故障点。检查时应

先检查电源线进线处有无碰伤而引起的电源接地、短路等现象，螺旋式熔断器的熔断指示器是否跳出，热继电器是否动作。然后检查电气外部有无损坏，连接导线有无断路、松动，绝缘有否过热或烧焦。

4. 通电检查

作断电检查仍未找到故障时，可对电气设备作通电检查。

在通电检查时要尽量使电动机和其所传动的机械部分脱开，将控制器和转换开关置于零位，行程开关还原到正常位置。然后用万用表检查电源电压是否正常，有否缺相或三相严重不平衡。再进行通电检查，检查的顺序为：先检查控制电路，后检查主电路；先检查辅助系统，后检查主传动系统；先检查交流系统，后检查直流系统；合上开关，观察各电器元件是否按要求动作，有否冒火、冒烟、熔断器熔断的现象，直至查到发生故障的部位。

5. 在检修机床电气故障时应注意的问题

① 检修前应将机床清理干净。

② 将机床电源断开。

③ 若电动机不能转动，要从电动机有无通电、控制电动机的接触器是否吸合入手，决不能立即拆修电动机。通电检查时一定要先排除短路故障，在确认无短路故障后方可通电，否则会造成更大的事故。

④ 当需要更换熔断器的熔体时，新熔体必须与原熔体型号相同，不得随意扩大容量，以免造成更大的事故或留下更大的后患。熔体的熔断，说明电路存在较大的冲击电流，如短路、严重过载、电压波动很大等。

⑤ 热继电器的动作、烧毁，也要求先查明过载原因，否则故障还是会重现。修复后一定要按技术要求重新整定保护值，并要进行可靠性试验，以免失控。

⑥ 用万用表电阻挡测量触点、导线通断时量程置于“×1Ω 挡”。

⑦ 如果要用绝缘电阻表检测电路的绝缘电阻，则应断开被测支路与其他支路的联系，避免影响测量结果。

⑧ 在拆卸元器件时，特别是对不熟悉的机床，一定要仔细观察，理清控制电路，及时做好记录、标号，以便复原。

⑨ 试车前先检测电路是否存在短路现象，注意人身及设备安全。

⑩ 机床故障排除后，一切均要复原。

## 三、CA6140 型车床电气电路的电路识读与故障检修

**【链接 27】** 车床

### (一) 电路识读

CA6140 型车床的电气原理图如图 3-7 所示。

1. 主电路

电源由总开关 QF 控制，熔断器 FU 作主电路短路保护，熔断器 FU1 作功率较小的两台电动机的短路保护。主电路共有三台电动机：主轴电动机、冷却泵电动机和刀架快速移动电动机。

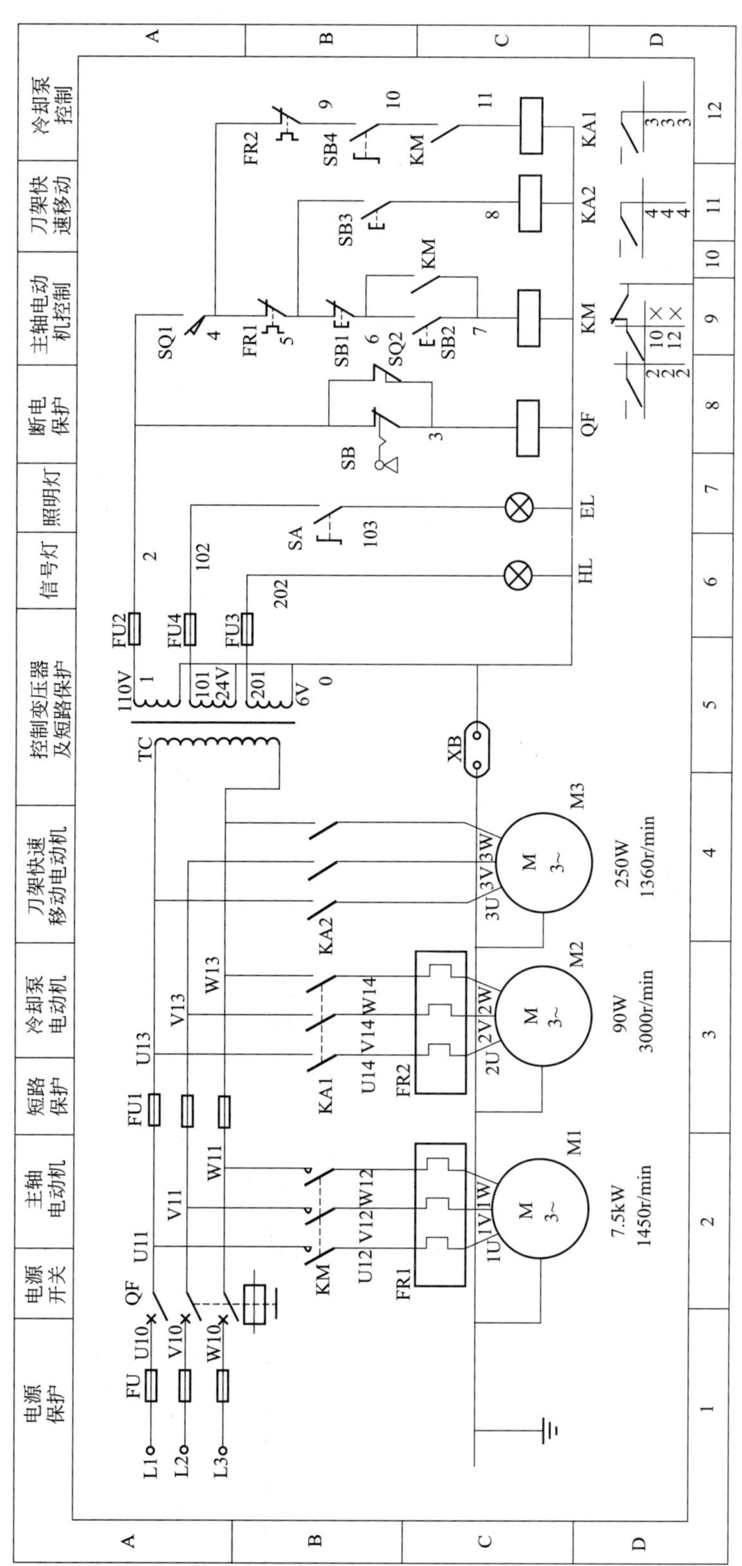

图 3-7　CA6140 型车床的电气原理图

① 主轴电动机 M1　由交流接触器 KM 控制，热继电器 FR1 作过载保护；

② 冷却泵电动机 M2　由中间继电器 KA1 控制，热继电器 FR2 作过载保护；

③ 刀架快速移动电动机 M3　由中间继电器 KA2 控制，因其为短时工作状态，热继电器来不及反映其过载电流，故不设过载保护。

2. 控制电路

由控制变压器 TC 的次级输出～110V 电压，作为控制电路的电源。

(1) 机床电源的引入　合上配电箱门（使装于配电箱门后的 SQ2 常闭触点断开）、插入钥匙将开关旋至“接通”位置（使 SB 常闭触点断开），跳闸线圈 QF 无法通电，此时方能合上电源总开关 QF。

为保证人身安全，必须将传动带罩合上（装于主轴传动带罩后的位置开关 SQ1 常开触点闭合），才能启动电动机。

(2) 主轴电动机 M1 的控制

① M1 启动：按下 SB2，KM 线圈得电，3 个位于 2 区的 KM 主触点闭合，M1 启动运转；同时位于 10 区的 KM 常开触点闭合（自锁）、位于 12 区的 KM 常开触点闭合（顺序启动，为 KA1 得电做准备）。

② M1 停止：按下 SB1，KM 线圈断电，KM 所有触点复位，M1 断电惯性停止。

(3) 冷却泵电动机 M2 的控制

① M2 启动：当主轴电动机 M1 启动（位于 12 区的 KM 常开触点闭合）后，转动 SB4 至闭合，中间继电器 KA1 线圈得电，3 个位于 3 区的 KA1 触点闭合，冷却泵电动机 M2 启动。

② M2 停止：当主轴电动机 M1 停止，或转动 SB4 至断开，中间继电器 KA1 线圈断电，KA1 所有触点复位，冷却泵电动机 M2 断电。

显然，冷却泵电动机 M2 与主轴电动机 M1 采用顺序控制。只有当 M1 启动后，M2 才能启动；M1 停止后，M2 自动停止。

(4) 刀架快速移动电动机 M3 的控制　刀架移动方向（前、后、左、右）的改变，是由进给操作手柄配合机械装置实现的。

① M3 启动：按住 SB3，中间继电器 KA2 线圈通电，3 个位于 4 区的 KA2 触点闭合，M3 启动。

② M3 停止：松开 SB3，中间继电器 KA2 线圈断电，KA2 所有触点复位，M3 停止。

显然，这是一个点动控制。

3. 辅助电路

为保证安全、节约电能，控制变压器 TC 的次级输出～24V 和～6V 电压，分别作为机床照明灯和信号灯的电源。

① 指示电路　合上电源总开关 QF，信号灯 HL 亮；断开电源总开关 QF，信号灯 HL 灭。

② 照明电路　将转换开关 SA 旋至接通位置，照明灯 EL 亮；将转换开关 SA 旋至断开位置，照明灯 EL 灭。

4. 保护环节

① 短路保护　由 FU、FU1、FU2、FU3、FU4 分别实现对全电路、M2/M3/TC 一次

侧、控制回路、信号回路、照明回路的短路保护。

② 过载保护　由 FR1、FR2 分别实现对主轴电动机 M1、冷却泵电动机 M2 的过载保护。

③ 欠（失）压保护　由接触器 KM、中间继电器 KA1、KA2 实现。

④ 安全保护　由行程开关 SQ1、SQ2 实现。

**（二）故障检修**

1. 电源故障

（1）电源总开关故障

① 故障描述　现有一台 CA6140 型车床，欲进行车削加工，但电源总开关 QF 合不上。

② 故障分析　CA6140 型车床的电源开关 QF 采用钥匙开关作为开锁断电保护、用行程开关 SQ2 作配电箱门开门断电保护。因此，出现这个故障时，应首先检查钥匙开关 SB 和行程开关 SQ2。

③ 故障检修

◆ 钥匙开关 SB 触点应断开，否则应检查钥匙开关 SB 的位置、维修或更换钥匙开关；

◆ 配电箱门行程开关 SQ2 应断开，否则应检查配电箱门位置、维修或更换行程开关。

（2）“全无”故障

① 故障描述　现有一台 CA6140 型车床，合上电源总开关 QF 后，信号灯、照明灯、机床电动机都不工作，控制电动机的接触器、继电器等均无动作和声响。

② 故障分析　由于 FU2、FU3、FU4 同时熔断的可能性极小，故应首先检查三相交流电源。

③ 故障检修　依次测量 U10-V10-W10、U11-V11-W11、U13-V13-W13 任意两相之间的电压：

◆若指示值不是 380V，则故障在其上级元件（如：测量 U13-V13-W13 之间的电压指示值不是 380V，则故障在熔断器 FU1），应紧固连接导线端子、检修或更换元件。

◆若指示值均为 380V，则故障在控制变压器 TC 或熔断器 FU2、FU3、FU4，应紧固连接导线端子、检修或更换元件。

2. 主轴电动机电路故障

（1）主轴电动机 M1 不能启动

① 故障描述　现有一台 CA6140 型车床，在准备加工时发现主轴不能启动，但刀架快速移动电机、冷却泵电动机、信号灯、照明灯工作正常。

② 故障分析　由于刀架快速移动电机、冷却泵电动机、信号灯、照明灯工作正常，故只需检查主轴电动机 M1 的主电路和控制电路。

③ 故障检修　断开电动机进线端子，合上断路器 QF，按下启动按钮 SB2：

◆若接触器 KM 吸合，则应依次检查 U12-V12-W12、1U-1V-1W 之间的电压：

若指示值均为 380V，则故障在电动机，应检修或更换；

若指示值不是 380V，则故障在其上级元件，应紧固连接导线端子、检修或更换元件。

◆若接触器 KM 不吸合，则应依次检查：停止按钮 SB1 应闭合、启动按钮 SB2 应能闭合、接触器 KM 线圈应完好、所有连接导线端子应紧固，否则应维修或更换同型号元件、紧固连接导线端子。

（2）主轴电动机 M1 启动后不能自锁

① 故障描述　现有一台 CA6140 型车床，在准备加工时发现按下主轴启动按钮 SB2，主轴电动机启动，松开主轴启动按钮 SB2，主轴电动机停止。

② 故障分析　出现这个故障的唯一可能是自锁回路断路。

③ 故障检修

◆检查接触器 KM 的自锁触点接触情况，若接触不良应维修或更换；

◆检查接触器 KM 的自锁触点上两根导线连接情况，若松脱应紧固。

（3）主轴电动机 M1 不能停车

① 故障描述　现有一台 CA6140 型车床，加工时发现按下主轴停止按钮 SB1，主轴电动机不能停止。

② 故障分析　出现这个故障的唯一可能是接触器 KM 主触点没有断开。

③ 故障检修　断开断路器 QF，观察接触器 KM 的动作情况：

◆若接触器 KM 立即释放，则故障为 SB1 触点直通或导线短接，应维修或更换 SB1；

◆若接触器 KM 缓慢释放，则故障为铁芯表面粘有污垢，应维修；

◆接触器 KM 不释放，则故障为主触点熔焊，应维修或更换。

（4）主轴电动机 M1 在运行中突然停车

① 故障描述　现有一台 CA6140 型车床，在加工过程中主轴电动机突然自行停车。

② 故障分析　出现这个故障的最大可能是电源断电或电动机过载。

③ 故障检修

◆检查电源电压是否丢失，若电源断电应尝试恢复供电；

◆检查热继电器 FR1 是否动作，若热继电器 FR1 动作，应查明原因（三相电源电压不平衡、电源电压较长时间过低、负载过重）、排除故障后才能使其复位。

*3. 刀架快速移动电动机电路故障*

（1）故障描述　现有一台 CA6140 型车床，在车削加工时，刀架不能快速移动，但主轴电动机、冷却泵电动机、信号灯、照明灯工作正常。

（2）故障分析　由于主轴电动机、冷却泵电动机、信号灯、照明灯工作正常，故只需检查刀架快速移动电动机 M3 的主电路和控制电路。

（3）故障检修　断开电动机进线端子，合上断路器 QF，按下启动按钮 SB3：

① 若中间继电器 KA2 吸合，则应检查 3U-3V-3W 之间的电压：

◆若指示值为 380V，则故障在电动机，应检修或更换；

◆若指示值不是 380V，则故障在 KA2，应紧固连接导线端子、检修或更换元件。

② 若中间继电器 KA2 不吸合，则应依次检查：按钮 SB3 应闭合、中间继电器 KA2 线圈应完好、所有连接导线端子应紧固，否则应维修或更换同型号元件、紧固连接导线端子。

*4. 冷却泵电动机电路故障*

（1）故障描述　现有一台 CA6140 型车床，在车削加工时，冷却泵电动机不能工作，但主轴电动机、刀架快速移动电、信号灯、照明灯工作正常。

（2）故障分析　由于主轴电动机、刀架快速移动电动机、信号灯、照明灯工作正常，故只需检查冷却泵电动机 M2 的主电路和控制电路。

(3) 故障检修 断开电动机进线端子，合上断路器 QF，启动主轴电动机，转动 SB4 至闭合：

① 若中间继电器 KA1 吸合，则应依次检查 U14-V14-W14、2U-2V-2W 之间的电压：

◆若指示值均为 380V，则故障在电动机，应检修或更换；

◆若指示值不是 380V，则故障在其上级元件，应紧固连接导线端子、检修或更换元件。

② 若中间继电器 KA1 不吸合，则应依次检查：热继电器 RF2 常闭触点应闭合、旋钮开关 SB4 应闭合、接触器 KM 的常开触点应闭合、中间继电器 KA1 线圈应完好、所有连接导线端子应紧固，否则应维修或更换同型号元件、紧固连接导线端子。

5. 照明电路故障

(1) 故障描述 现有一台 CA6140 型车床，在车削加工时，照明灯突然熄灭，但主轴电动机、冷却泵电动机、刀架快速移动电动机、信号灯工作正常。

(2) 故障分析 该故障相对简单，只需检查照明回路即可。

(3) 故障检修 依次检查：电源电压应应为 24V、熔断器 FU4 应完好、转换开关 SA 应闭合、照明灯 EL 应完好、所有连接导线端子应紧固，否则应维修或更换同型号元件、紧固连接导线端子。

**四、X62W 型铣床电气电路的电路识读与故障检修**

**【链接 28】** 铣床

**(一) 电路识读**

X62W 型铣床的电气原理图如图 3-8 所示，各转换开关位置与触点通断情况如表 3-6 所示。

1. 主电路

电源由总开关 QS1 控制，熔断器 FU1 作主电路短路保护。主电路共有三台电动机：主轴电动机 M1、冷却泵电动机 M3 和进给电动机 M2。

① 主轴电动机 M1 由交流接触器 KM1 控制，热继电器 FR1 作过载保护，SA3 作为 M1 的换向开关；

② 冷却泵电动机 M3 由手动开关 QS2 控制，热继电器 FR2 作过载保护，当 M1 启动后 M3 才能启动；

③ 进给电动机 M2 由接触器 KM3、KM4 实现正、反转控制，熔断器 FU2 作短路保护，热继电器 FR3 作过载保护。

2. 控制电路

由控制变压器 TC 的次级输出～110V 电压，作为控制电路的电源。

(1) 主轴电动机 M1 的控制 为方便操作，主轴电动机的启动、停止以及工作台的快速进给控制均采用两地控制方式，一组安装在机床的正面，另一组安装在机床的侧面。

① 主轴电动机 M1 的启动 主轴电动机启动之前，首先应根据加工工艺要求确定铣削方式（顺铣还是逆铣），然后将换向开关 SA3 扳到所需的转向位置。

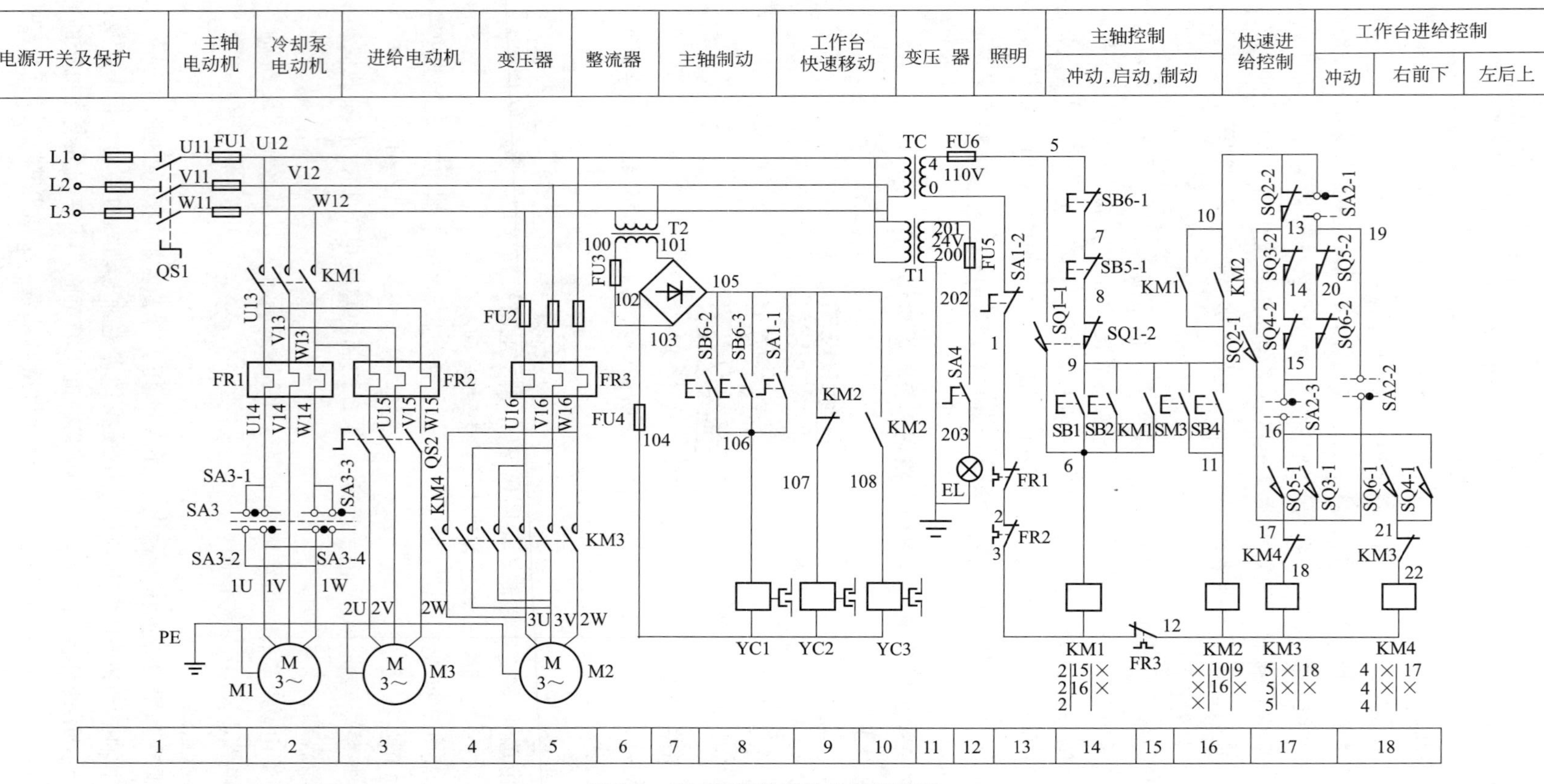


图 3-8　X62W 型铣床的电气原理图

按下主轴启动按钮 SB1 或 SB2，接触器 KM1 线圈通电，3 个位于 2 区的 KM1 主触点闭合，M1 启动运转；同时位于 15 区的 KM1 常开触点闭合（自锁）、位于 16 区的 KM1 常开触点闭合（顺序启动）。

② 主轴电动机 M1 的制动　为了使主轴快速停车，主轴采用电磁离合器制动。

按下停止按钮 SB5 或 SB6，SB5-1 或 SB6-1 使接触器 KM1 线圈断电，KM1 所有触点复位；同时，SB5-2 或 SB6-2 使电磁离合器 YC1 通电吸合，将摩擦片压紧，对主轴电动机进行制动，直到主轴停止转动，才可松开 SB5 或 SB6。

③ 主轴变速冲动　主轴的变速是通过改变齿轮的传动比实现的，由一个变速手柄和一个变速盘来实现，有多级不同转速，既可在停车时变速，也可在主轴旋转时进行。为利于变速后齿轮更好地啮合，设置了必要的“冲动”环节。

变速时，拉出变速手柄，凸轮瞬时压动主轴变速冲动开关 SQ1，SQ1 只是瞬时动作一下随即复位。这样，SQ1-2 断开了 KM1 线圈的通电路径，M1 断电；同时 SQ1-1 瞬时接通一下 KM1 线圈。这时转动变速盘选择需要的速度，再将手柄以较快的速度推回原位。在推回过程中，又一次瞬时压动 SQ1，SQ1-1 又一次短时接通 KM1，对 M1 进行了一次“冲动”，这次“冲动”会使主轴变速后重新启动时齿轮更好地啮合。

④ 主轴换刀控制　在上刀或换刀时，主轴应处于制动状态，并且控制电路应断电，以避免发生事故。

换刀时，将换刀制动开关 SA1 拨至“接通”位置，SA1-1 接通电磁离合器 YC1 对主轴进行制动；同时 SA1-2 断开控制电路，确保换刀时机床没有任何动作。换刀结束后，应将 SA1 扳回“断开”位置。

（2）冷却泵电动机 M3 的控制　主轴电动机启动（KM1 主触点闭合）后，扳动组合开关 QS2 可控制冷却泵电动机 M3 的启动与停止。

（3）进给电动机 M2 的控制　工作台进给方向有横向（前、后）和垂直（上、下）、纵向（左、右）6 个方向。其中横向和垂直运动是在主轴启动后，通过操纵十字形手柄（共两套，分别设在机床的正面和侧面）和机械联动机构带动行程开关 SQ3、SQ4，控制进给电动机 M2 正转或反转来实现的；纵向运动是在主轴启动后，通过操纵纵向手柄（共两套，分别设在机床的正面和侧面）和机械联动机构带动行程开关 SQ5、SQ6，控制进给电动机 M2 正转或反转来实现的。此时，电磁离合器 YC2 通电吸合，连接工作台的进给传动链。

而工作台的快速进给是点动控制，即使不启动主轴也可进行。此时，电磁离合器 YC3 通电吸合，连接工作台的快速移动传动链。

在正常进给运动控制时，圆工作台控制开关 SA2 应转至“断开”位置。

① 工作台的横向（前、后）与垂直（上、下）进给运动　控制工作台横向（前、后）与垂直（上、下）进给运动的十字形手柄有上、下、中、前、后五个位置，各位置对应的行程开关 SQ3、SQ4 的触点状态如表 3-6 所示。

向前运动：将十字形手柄扳向“前”，传动机构将电动机传动链和前后移动丝杠相连，同时压行程开关 SQ3，SQ3-1 闭合，接触器 KM3 线圈通电（通电路径为：9→KM1 常开触点→10→SA2-1→19→SQ5-2→20→SQ6-2→15→SA2-3→16→SQ3-1→17→KM4 常闭触点→18→KM3 线圈），3 个位于 5 区的 KM3 主触点闭合，M2 正转，拖动工作台向前运动；同时位于 18 区的 KM3 常闭触点断开（互锁）。

向下运动：将十字形手柄扳向“下”，传动机构将电动机传动链和上下移动丝杠相连，同时压行程开关SQ3，SQ3-1闭合，接触器KM3线圈通电，3个位于5区的KM3主触点闭合，M2正转，拖动工作台向下运动；同时位于18区的KM3常闭触点断开（互锁）。

向后运动：将十字形手柄扳向“后”，传动机构将电动机传动链和前后移动丝杠相连，同时压行程开关SQ4，SQ4-1闭合，接触器KM4线圈通电（通电路径为：9→KM1常开触点→10→SA2-1→19→SQ5-2→20→SQ6-2→15→SA2-3→16→SQ4-1→21→KM3常闭触点→22→KM4线圈），3个位于4区的KM4主触点闭合，M2反转，拖动工作台向后运动；同时位于17区的KM4常闭触点断开（互锁）。

向上运动：将十字形手柄扳向“上”，传动机构将电动机传动链和上下移动丝杠相连，同时压行程开关SQ4，SQ4-1闭合，接触器KM4线圈通电，3个位于4区的KM4主触点闭合，M2反转，拖动工作台向上运动；同时位于17区的KM4常闭触点断开（互锁）。

停止：将十字形手柄扳向中间位置，传动链脱开，行程开关SQ3（或SQ4）复位，接触器KM3（或KM4）断电，进给电动机M2停转，工作台停止运动。

限位保护：工作台的上、下、前、后运动都有极限保护，当工作台运动到极限位置时，撞块撞击十字手柄，使其回到中间位置，实现工作台的终点停车。

② 工作台的纵向（左、右）进给运动　控制工作台纵向（左、右）进给运动的纵向手柄有左、中、右三个位置，各位置对应的行程开关SQ5、SQ6的触点状态如表3-6所示。

向右运动：将纵向手柄扳到“右”，传动机构将电动机传动链和左右移动丝杠相连，同时压行程开关SQ5，SQ5-1闭合，接触器KM3线圈通电（通电路径为：9→KM1常开触点→10→SQ2-2→13→SQ3-2→14→SQ4-2→15→SA2-3→16→SQ5-1→17→KM4常闭触点→18→KM3线圈），3个位于5区的KM3主触点闭合，M2正转，拖动工作台向右运动；同时位于18区的KM3常闭触点断开（互锁）。

向左运动：将纵向手柄扳到“左”，传动机构将电动机传动链和左右移动丝杠相连，同时压行程开关SQ6，SQ6-1闭合，接触器KM4线圈通电（通电路径为：9→KM1常开触点→10→SQ2-2→13→SQ3-2→14→SQ4-2→15→SA2-3→16→SQ6-1→21→KM3常闭触点→22→KM4线圈），3个位于4区的KM4主触点闭合，M2反转，拖动工作台向左运动；同时位于17区的KM4常闭触点断开（互锁）。

停止：将纵向手柄扳向中间位置，传动链脱开，行程开关SQ5（或SQ6）复位，接触器KM3（或KM4）断电，进给电动机M2停转，工作台停止运动。

限位保护：工作台的左右两端安装有限位撞块，当工作台运行到达极限位置时，撞块撞击手柄，使其回到中间位置，实现工作台的终点停车。

③ 进给变速冲动　为使变速时齿轮易于齿合，进给变速也有瞬时冲动环节。

变速时，先将变速手柄外拉，选择相应转速，再把手柄用力向外拉至极限位置并立即推回原位。在手柄拉到极限位置的瞬间，行程开关SQ2被短时碰压（SQ2-2先断开，SQ2-1后接通），其触点短时动作随即复位，接触器KM3瞬时通电（其通电路径为：10→SA2-1→19→SQ5-2→20→SQ6-2→15→SQ4-2→14→SQ3-2→13→SQ2-1→17→KM4常闭触点→18→KM3线圈），进给电动机M2瞬时正转随即断电。

可见，只有当圆工作台停用，且纵向、垂直、横向进给都停止时，才能实现进给变速时的瞬时点动，防止了变速时工作台沿进给方向运动的可能。

④ 工作台快速移动　为提高生产效率，当工作台按照选定的速度和方向进给时，按下两地控制点动快速进给按钮 SB3 或 SB4，接触器 KM2 得电吸合，位于 9 区的 KM2 常闭触点断开，使电磁离合器 YC2 断电（断开工作台的进给传动链）；位于 10 区的 KM2 常开触点闭合，使电磁离合器 YC3 通电（连接工作台快速移动传动链），工作台按原方向快速进给；位于 16 区的 KM2 常开触点闭合，在主轴电动机不启动的情况下，也可实现快速进给调整工作。

松开 SB3 或 SB4，KM2 断电释放，快速移动停止，工作台按原方向继续原速运动。

⑤ 圆工作台的控制　当需要加工凸轮和弧形槽时，可在工作台上加装圆工作台。使用时，先将圆工作台控制开关 SA2 扳到“接通”位置，将纵向手柄和十字形手柄都置于中间位置，按下主轴启动按钮 SB1 或 SB2，接触器 KM1 得电吸合，主轴电动机 M1 启动，此时接触器 KM3 线圈通电（通电路径为：10→SQ2-2→13→SQ3-2→14→SQ4-2→15→SQ6-2→20→SQ5-2→19→SA2-2→17→KM4 常闭触点→18→KM3 线圈），进给电动机 M2 正转，带动圆工作台单方向回转，其旋转速度可通过蘑菇形变速手柄进行调节。

3. 辅助电路

为保证安全、节约电能，控制变压器 TC 的次级输出～24V 电压，作为机床照明灯电源。用开关 SA4 控制，熔断器 FU5 作短路保护。

4. 保护环节

铣床的运动较多，控制电路较复杂，为安全可靠地工作，除了具有短路、过载、欠压、失压保护外，还必须具有必要的联锁。

① 主运动和进给运动的顺序联锁　进给运动的控制电路接在接触器 KM1 自锁触点之后，以确保铣刀旋转之后进给运动才能进行、铣刀停止旋转之后进给运动同时停止，避免工件或刀具的损坏。

② 工作台左、右、上、下、前、后六个运动方向间的联锁

a. 机械联锁——工作台的纵向运动由纵向手柄控制、横向和垂直运动由十字手柄控制，手柄本身就是一种联锁装置，在任意时刻只能有一个位置。

b. 电气联锁——行程开关的常闭触点 SQ3-2、SQ4-2 和 SQ5-2、SQ6-2 分别串联后再并联给 KM3、KM4 线圈供电。同时扳动两个手柄离开中间位置，将使接触器线圈 KM3 或 KM4 断电，工作台停止运动，从而实现工作台的纵向与横向、垂直运动间的联锁。

③ 圆工作台和工作台间的联锁　圆工作台工作时，转换开关 SA2 在接通位置，SA2-1、SA2-3 切断了工作台的进给控制回路，工作台不能作任何方向的进给运动；同时，圆工作台的控制电路中串联了 SQ3-2、SQ4-2 和 SQ5-2、SQ6-2 常闭触点，扳动任一方向的工作台进给手柄，都将使圆工作台停止转动，实现了圆工作台和工作台间的联锁控制。

**表 3-6　X62W 型铣床各转换开关位置与触点通断情况**

| 主轴换向开关 | | | | 工作台纵向进给开关 | | | |
|---|---|---|---|---|---|---|---|
| 位置 / 触点 | 正转 | 停止 | 反转 | 位置 / 触点 | 左 | 停 | 右 |
| SA3-1 | − | − | + | SQ5-1 | − | − | + |
| SA3-2 | + | − | − | SQ5-2 | + | + | − |
| SA3-3 | + | − | − | SQ6-1 | + | − | − |
| SA3-4 | − | − | + | SQ6-2 | − | + | + |

续表

| 圆工作台控制开关 | | | 工作台垂直与横向进给开关 | | | |
|---|---|---|---|---|---|---|
| 位置<br>触点 | 接通 | 断开 | 位置<br>触点 | 前、下 | 停 | 后、上 |
| SA2-1 | － | ＋ | SQ3-1 | ＋ | － | － |
| SA2-2 | ＋ | － | SQ3-2 | － | ＋ | ＋ |
| SA2-3 | － | ＋ | SQ4-1 | － | － | ＋ |
| | | | SQ4-2 | ＋ | ＋ | － |
| 主轴换刀制动开关 | | | 注："＋"表示触点接通；"－"表示触点断开。 | | | |
| 位置<br>触点 | 接通 | 断开 | | | | |
| SA1-1 | ＋ | － | | | | |
| SA1-2 | － | ＋ | | | | |

**（二）故障检修**

1. 主轴电动机电路故障

（1）主轴电动机 M1 不能启动

① 故障描述　现有一台 X62W 型铣床，在准备工作时，发现主轴电动机 M1 不能启动，检查发现进给电动机、冷却泵电动机也不能启动，仅照明灯正常。

② 故障分析　主轴电动机 M1 不能启动的原因较多，应首先确定故障发生在主电路还是控制电路。

③ 故障检修　断开电动机进线端子，合上电源开关 QS1，将换向开关 SA3 扳到正转（或反转）位置，按下启动按钮 SB1（或 SB2）：

◆若接触器 KM 吸合，则应依次检查进线电源 L1-L2-L3、U11-V11-W11、U12-V12-W12、U13-V13-W13、U14-V14-W14、1U-1V-1W 之间的电压：

若指示值均为 380V，则故障在电动机，应检修或更换；

若指示值不是 380V，则故障在其上级元件，应紧固连接导线端子、检修或更换元件。

◆若接触器 KM 不吸合，则应依次检查：控制回路电源电压应为 110V、熔断器 FU6 应完好、停止按钮 SB6-1、SB5-1 应闭合、主轴变速冲动开关 SQ1-2 应闭合、启动按钮 SB1（或 SB2）应能闭合、接触器 KM1 线圈应完好、热继电器 FR1、FR2 常闭触点应闭合、换刀制动开关 SA1-2 应闭合、所有连接导线端子应紧固，否则应维修或更换同型号元件、紧固连接导线端子。

（2）主轴停车没有制动

① 故障描述　现有一台 X62W 型铣床，加工过程中按下 SB5 或 SB6，发现主轴没有停车制动。

② 故障分析　该故障只与电磁离合器 YC1 及相关电器电路有关。

③ 故障检修　断开 SA3，按下 SB5 或 SB6，仔细听有无电磁离合器 YC1 动作的声音。

◆如果有，则故障为 YC1 动片和静片磨损严重，应更换；

◆如果没有，则应依次检查：T2 一次侧电压应为～380V、T2 二次侧电压应为～36V、FU3 及 FU4 应完好、整流桥输出电压应为－32V、SB5-2 及 SB6-2 应能闭合、YC1 线圈应完好、所有连接导线端子应紧固，否则应维修或更换同型号元件、紧固连接导线端子。

（3）主轴变速时无“冲动”控制

① 故障描述　现有一台 X62W 型铣床，加工过程中改变主轴转速时，发现没有“冲动”控制。

② 故障分析　该故障通常是由 SQ1 经常受到冲击而损坏或位置变化引起的。

③ 故障检修

◆检查 SQ1 是否完好，若损坏应维修或更换；

◆检查 SQ1 的位置是否变化，若移位应调整。

2. 冷却泵电动机电路故障

（1）故障描述　现有一台 X62W 型铣床，在铣削加工时，发现冷却泵电动机不能工作，但主轴电动机、进给电动机、照明灯工作正常。

（2）故障分析　由于主轴电动机、进给电动机、照明灯工作正常，故只需检查 M3 的主电路即可。

（3）故障检修　断开电动机进线端子，合上冷却泵开关 QS2，依次检查 U15-V15-W15、2U-2V-2W 之间的电压：

① 若指示值均为 380V，则故障在电动机，应检修或更换；

② 若指示值不是 380V，则故障在其上级元件，应紧固连接导线端子、检修或更换元件。

3. 进给电动机电路故障

（1）主轴启动后进给电动机自行转动

① 故障描述　现有一台 X62W 型铣床，发现主轴启动后进给电动机自行转动，但扳动任一进给手柄工作台都不能进给。

② 故障分析　当圆工作台控制开关 SA2 置于“接通”位置、纵向手柄和十字手柄在中间位置时，启动主轴，进给电动机便旋转，扳动任一进给手柄，都会使进给电动机停转。

③ 故障检修　将圆工作台控制开关 SA2 置于“断开”位置即可。

（2）主轴启动后工作台各个方向都不能进给

① 故障描述　现有一台 X62W 型铣床，发现主轴工作正常，但工作台各个方向都不能进给。

② 故障分析　由主轴工作正常，而工作台各个方向都不能进给，故该故障只与进给电动机及相关电器电路有关。

③ 故障检修　将 SA3 置于“停止”位置，断开进给电动机进线端子，启动主轴，将进给手柄置于六个运动方向中任一位置：

◆若接触器 KM3（KM4）吸合，则应依次检查 U16-V16-W16、3U-3V-3W 之间的电压：

若指示值均为 380V，则故障在电动机，应检修或更换；

若指示值不是 380V，则故障在其上级元件，应紧固连接导线端子、检修或更换元件。

◆若接触器 KM3（KM4）不吸合，则应依次检查：KM1（9-10）应能闭合、SA2 应在“断开”位置、FR3 常闭触点应闭合、所有连接导线端子应紧固等，否则应维修或更换同型号元件、紧固连接导线端子。

（3）工作台能向前、后、上、下、左进给，但不能向右进给

① 故障描述　现有一台 X62W 型铣床，铣削加工时发现工作台能向前、后、上、下、

左进给，但不能向右进给。

② 故障分析　该故障通常是由 SQ5 经常受到冲击而使位置变化或损坏引起的。

③ 故障检修　检查 SQ5 的位置应无变化，SQ5-1 应能闭合，所有连接导线端子应紧固。否则应维修或更换同型号元件、紧固连接导线端子。

（4）工作台能向前后、上下进给，但不能向左右进给

① 故障描述　现有一台 X62W 型铣床，铣削加工时发现工作台能向前后、上下进给，但不能向左右进给。

② 故障分析　该故障多出现在左右进给的公共通道（10→SQ2-2→13→SQ3-2→14→SQ4-2→15）上。

③ 故障检修　依次检查 SQ2、SQ3、SQ4 的位置应无变化，SQ2-2、SQ3-2、SQ4-2 应闭合，所有连接导线端子应紧固。否则应维修或更换同型号元件、紧固连接导线端子。

## 五、Z3040 型摇臂钻床电气电路的电路识读与故障检修

**【链接 29】** 钻床

### （一）电路识读

Z3040 型摇臂钻床的电气原理图如图 3-9 所示。

1. 主电路

电源由总开关 QS 控制，熔断器 FU1 作主电路短路保护。主电路共有四台电动机：M1 为主轴电动机，M2 为摇臂升降电动机，M3 为液压泵电动机，M4 为冷却泵电动机。

① 主轴电动机 M1　由交流接触器 KM1 控制，热继电器 FR1 作过载保护，其正反转则由机床液压系统操纵机构配合正反转摩擦离合器实现；

② 摇臂升降电动机 M2　由接触器 KM2、KM3 实现正反转控制，熔断器 FU2 作短路保护，因其为短时工作，故不用设长期过载保护；

③ 液压泵电动机 M3　由接触器 KM4、KM5 实现正反转控制，熔断器 FU2 作短路保护，热继电器 FR2 作长期过载保护；

④ 冷却泵电动机 M4　该电动机容量小（90W），由开关 SA1 直接控制。

2. 控制电路

由控制变压器 TC 的次级输出～110V 电压，作为控制电路的电源。

控制电路中共有四个限位开关，其中：

SQ1——摇臂上升、下降的限位开关，值得注意的是，其两组常闭触点并不同时动作：当摇臂上升至极限位置时，SQ1-1 断开，但 SQ1-2 仍保持闭合；当摇臂下降至极限位置时，SQ1-2 断开，但 SQ1-1 仍保持闭合。

SQ2——摇臂松开检查开关，当摇臂完全松开时 SQ2（6-13）断开、SQ2（6-7）闭合。

SQ3——摇臂夹紧检查开关，当摇臂完全夹紧时 SQ3（1-17）断开。

SQ4——立柱和主轴箱的夹紧限位开关，立柱和主轴箱夹紧时 SQ4（101-102）断开、SQ4（101-103）闭合。

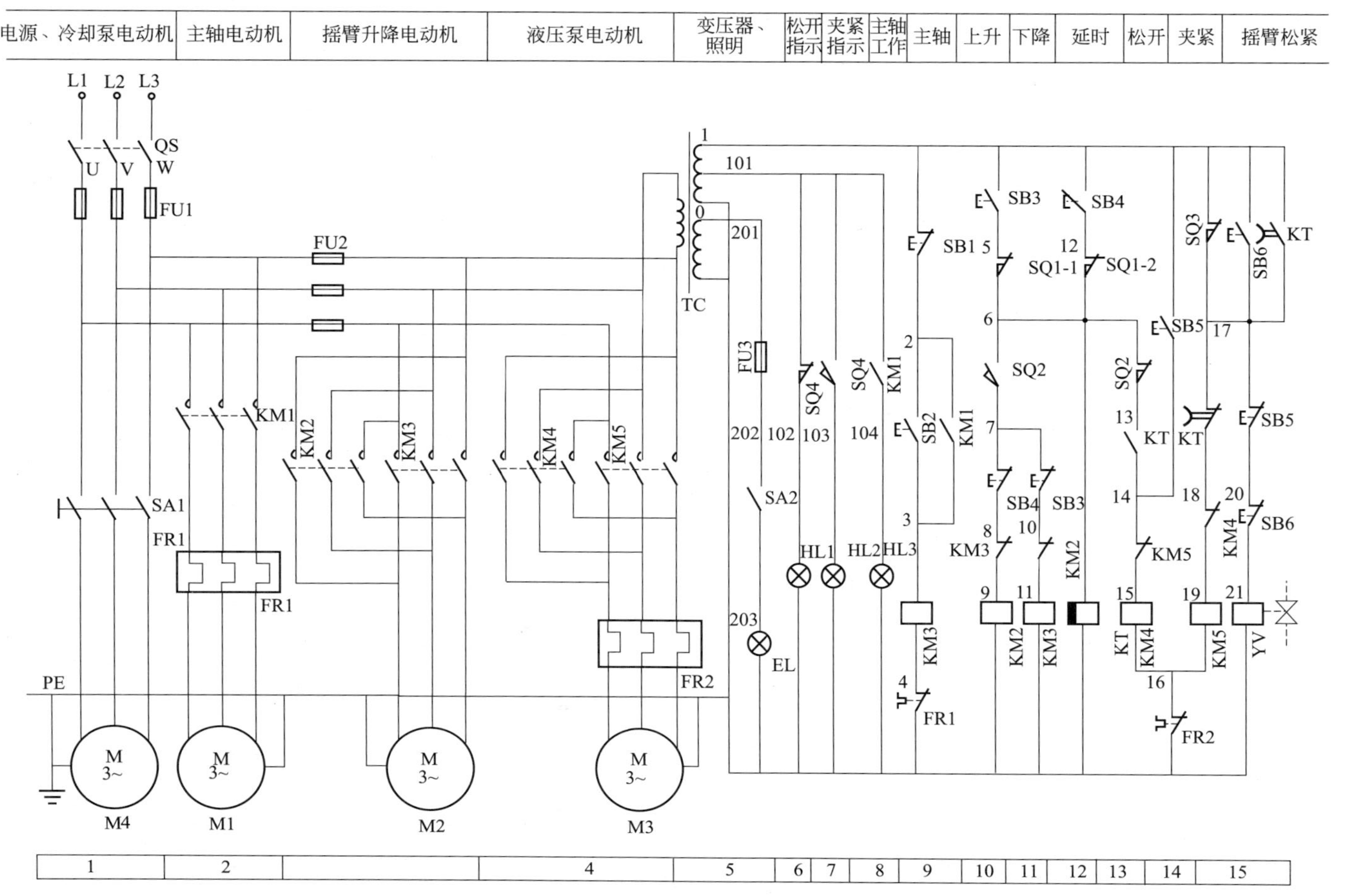


图 3-9　Z3040 型摇臂钻床的电气原理图

（1）主轴电动机 M1 的控制

① 主轴电动机 M1 的启动　按下启动按钮 SB2，接触器 KM1 线圈通电，3 个位于 2 区的 KM1 主触点闭合，M1 启动运转；同时位于 9 区的 KM1 常开触点闭合（自锁）、位于 8 区的 KM1 常开触点闭合，主轴工作指示灯 HL3 亮。

② 主轴电动机 M1 的停止　按下停止按钮 SB1，接触器 KM1 线圈断电，KM1 所有触点复位，主轴电动机 M1 停止、其工作指示灯 HL3 灭。

（2）摇臂升降控制　下面的分析是在摇臂并未升降至极限位置（即 SQ1-1、SQ1-2 都闭合）、摇臂处于完全夹紧状态［即 SQ3（1-17）断开］的前提下进行的，当进行摇臂的夹紧或松开时，要求电磁阀 YV 处于通电状态。

① 摇臂上升　摇臂的上升过程可分以下几个步骤：

第一步：松开摇臂。按下上升点动按钮 SB3，时间继电器 KT 线圈通电，其触点 KT（17-18）瞬时断开；同时 KT（1-17）、KT（13-14）瞬时闭合，使电磁阀 YV、接触器 KM4 线圈同时通电。电磁阀 YV 通电使得二位六通阀中摇臂夹紧放松油路开通；接触器 KM4 通电使液压泵电动机 M3 正转，拖动液压泵送出液压油，并经二位六通阀进入摇臂松开油腔，推动活塞和菱形块，将摇臂松开，摇臂刚刚松开 SQ3（1-17）就闭合。

第二步：摇臂上升。当摇臂完全松开时，活塞杆通过弹簧片压动摇臂松开位置开关 SQ2，SQ2（6-13）断开，KM4 断电，电动机 M3 停止旋转，液压泵停止供油，摇臂维持松开状态；同时 SQ2（6-7）闭合，使 KM2 通电，摇臂升降电动机 M2 正转，带动摇臂上升。

第三步：夹紧摇臂。当摇臂上升到所需位置时，松开按钮 SB3，KM2 和 KT 同时断电。KM2 断电使摇臂升降电动机 M2 停止正转，摇臂停止上升。KT 断电，其触点 KT（13-14）瞬时断开；KT（1-17）经 1～3s 延时断开，但此时 YV 通过 SQ3 仍然得电；KT（17-18）经 1～3s 延时闭合使 KM5 通电，液压泵电动机 M3 反转，拖动液压泵送出液压油，经二位六通阀进入摇臂夹紧油腔，由反方向推动活塞和菱形块，将摇臂夹紧，当夹紧到位时，活塞杆通过弹簧片压下摇臂夹紧位置开关 SQ3，触点 SQ3（1-17）断开，使电磁阀 YV、接触器 KM5 断电，液压泵电动机 M3 停止运转，摇臂夹紧完成。

当摇臂上升到极限位置时，SQ1-1 断开，相当于“松开按钮 SB3”，其动作过程与上述第三步动作过程相同。

时间继电器 KT 是为保证夹紧动作在摇臂升降电动机停止运转后进行而设的，KT 延时长短根据摇臂升降电动机切断电源到停止的惯性大小来调整。

② 摇臂下降　与摇臂上升过程相反，请读者自行分析。

（3）主轴箱和立柱的夹紧与放松控制　主轴箱与摇臂、外立柱与内立柱的夹紧与放松均采用液压夹紧与松开，且两者同时动作。当进行主轴箱和立柱的夹紧或松开时，要求电磁阀 YV 处于断电状态。

① 主轴箱和立柱松开控制　电磁阀 YV 断电使得二位六通阀中主轴箱和立柱夹紧放松油路开通。此时按下松开按钮 SB5，KM4 通电，M3 电动机正转，拖动液压泵送出液压油，经二位六通阀进入主轴箱和立柱的松开油腔，推动活塞和菱形块，使主轴箱和立柱的夹紧装置松开。当主轴箱和立柱松开时，SQ4 不再受压，SQ4（101-102）闭合，指示灯 HL1 亮，表示主轴箱和立柱确已松开，此时可手动移动主轴箱或转动立柱。

② 主轴箱和立柱夹紧控制　与主轴箱和立柱松开控制过程相反，请读者自行分析。

当主轴箱和立柱被夹紧时，SQ4（101-103）闭合，指示灯 HL2 亮，表示主轴箱和立柱确已夹紧，此时可以进行钻削加工。

(4) 冷却泵电动机的控制　扳动开关 SA1 可直接控制冷却泵电动机 M4 的启动与停止。

3. 辅助电路

① 指示电路　主轴箱和立柱松开指示 HL1 由 SQ4（101-102）控制；主轴箱和立柱夹紧指示 HL2 由 SQ4（101-103）控制；主轴工作指示 HL3 由 KM1（101-104）控制。

② 照明电路　将开关 SA2 旋至接通位置，照明灯 EL 亮；将转换开关 SA2 旋至断开位置，照明灯 EL 灭。

4. 保护环节

① 短路保护　由 FU1、FU2、FU3 分别实现对全电路、M2/M3/TC 一次侧、照明回路的短路保护。

② 过载保护　由 FR1、FR2 分别实现对主轴电动机 M1、液压泵电动机 M3 的过载保护。

③ 欠（失）压保护　由接触器 KM1、KM2、KM3、KM4、KM5 实现。

④ 安全保护　由行程开关 SQ1 实现。

**(二) 故障检修**

Z3040 型摇臂钻床电气电路比较简单，其电气控制的特殊环节是摇臂的运动。摇臂在上升或下降时，摇臂的夹紧机构先自动松开，在上升或下降到预定位置后，其夹紧机构又要将摇臂自动夹紧在立柱上。这个工作过程是由电气、机械和液压系统的紧密配合而实现的。所以，在维修和调试时，不仅要熟悉摇臂运动的电气过程，而且更要注重掌握机电液配合的调整方法和步骤。

1. 电源故障

(1) 故障描述　现有一台 Z3040 型摇臂钻床，合上电源开关后，操作任一按钮均无反应；照明灯、指示灯也不亮。

(2) 故障分析　出现这种“全无”故障首先应检查电源。

(3) 故障检修

① 用万用表测量 QS 进线端任意两相间线电压是否均为 380V，若不是，则故障为上级电源，应逐级查找上级电源的故障点，恢复供电。

② 用万用表测量 QS 出线端任意两相间线电压是否均为 380V，若不是，则故障为 QS，应紧固接线端子或更换 QS。

③ 用万用表测量 FU1 出线端任意两相间线电压是否均为 380V，若不是，则故障为 FU1，应紧固接线端子或更换 FU1。

2. 主轴电动机电路故障

(1) 故障描述　现有一台 Z3040 型摇臂钻床，合上电源开关后，按下主轴启动按钮钻头无反应。初步检查发现主轴电动机不能启动，但其他电动机可以正常运转。

(2) 故障分析　由于其他电动机可以正常运转，故只需检查主轴电动机 M1 的主电路和控制电路。

(3) 故障检修　断开电动机进线端子，合上电源开关 QS，按下启动按钮 SB2：

① 若接触器 KM1 吸合，则应依次检查 KM1 主触点出线端、FR1 热元件出线端任意两相间线电压：

◆若指示值均为 380V，则故障在电动机，应检修或更换；

◆若指示值不是380V，则故障在其上级元件，应紧固连接导线端子、检修或更换元件。

② 若接触器KM1不吸合，则应依次检查：停止按钮SB1应闭合、启动按钮SB2应能闭合、接触器KM1线圈应完好、热继电器FR1常闭触点应闭合、所有连接导线端子应紧固，否则应维修或更换同型号元件、紧固连接导线端子。

3. 摇臂升降电动机电路故障

(1) 摇臂松开控制回路故障

① 故障描述　在Z3040型摇臂钻床进行钻孔加工的过程中，为调整钻头高度，按下摇臂升降按钮SB3或SB4，发现摇臂没有反应，进一步检查发现摇臂不能放松。

② 故障分析　摇臂的放松是由电磁阀YV在通电状态下配合液压泵电动机M3正转完成的，因此应检查电磁阀YV和液压泵电动机M3正转的主电路和控制电路。

③ 故障检修　按下摇臂升降按钮SB3或SB4：

◆检查时间继电器KT是否动作　若时间继电器KT不动作，应依次检查SB3（1-5）或SB4（1-12）应能闭合、SQ1-1或SQ1-2应闭合、KT线圈应完好、所有连接导线端子应紧固等，否则应维修或更换同型号元件、紧固连接导线端子。

若时间继电器KT动作，则进入下一步。

◆检查接触器KM4、电磁阀YV是否也立即动作　若KM4不动作，应依次检查SQ2（6-13）应闭合、KT（13-14）应能闭合、KM5（14-15）应闭合、KM4线圈应完好、FR2（16-0）应闭合；若YV不动作，应依次检查KT（1-17）应能闭合、SB5（17-20）、SB6（20-21）应闭合、YV应完好。否则应维修或更换同型号元件、紧固连接导线端子。

若KM4、YV也立即动作，则应依次检查维修KM4主触点、FR2热元件、M3。

(2) 摇臂夹紧控制回路故障

① 故障描述　在Z3040型摇臂钻床进行钻孔加工的过程中，启动主轴电动机后，按下摇臂升降按钮欲调整钻头高度，液压机构进行放松后，摇臂按要求进行升降，但升降到位后松开按钮，液压机构不进行夹紧。

② 故障分析　由于摇臂能放松却不能夹紧，因此应检查液压泵电动机M3反转的主电路和控制电路。

③ 故障检修　松开摇臂升降按钮SB3或SB4，检查接触器KM5是否动作：

◆若KM5不动作，应依次检查SQ3应闭合、KT（17-18）应闭合、KM4（18-19）应闭合、KM5线圈应完好、FR2（16-0）应闭合，否则应维修或更换同型号元件、紧固连接导线端子。

◆若KM5动作，则应依次检查维修KM5主触点、FR2热元件、M3。

(3) 摇臂升降控制回路故障

① 故障描述　在Z3040型摇臂钻床进行钻孔加工的过程中，启动主轴电动机后，按下摇臂上升按钮欲调整钻头高度，液压机构进行放松后，摇臂没有反应。

② 故障分析　因摇臂能放松却不能上升，故应检查摇臂升降电动机M2正转的主电路和控制电路。

③ 故障检修　检查接触器KM2是否动作：

◆若接触器KM2动作，则应依次检查维修KM2主触点、M2。

◆若接触器KM2不动作，则应依次检查SQ2（6-7）应能闭合、SB4（7-8）、KM3（8-9）应闭合、KM2线圈应完好，否则应维修或更换同型号元件、紧固连接导线端子。

4. 主轴箱和立柱放松、夹紧电路故障

(1) 故障描述　在 Z3040 型摇臂钻床进行钻孔加工的过程中，发现钻出的孔径偏大，且中心偏斜。对主轴箱和立柱进行夹紧操作，发现控制无效。

(2) 故障分析　主轴箱和立柱的夹紧是由电磁阀 YV 在断电状态下配合液压泵电动机 M3 反转完成的，因此应检查电磁阀 YV 和液压泵电动机 M3 反转的主电路和控制电路。

(3) 故障检修　按下主轴箱和立柱夹紧按钮 SB6，检查接触器 KM5 是否动作：

① 若接触器 KM5 不动作，应依次检查 SB6 (1-17) 应能闭合、KT (17-18)、KM4 (18-19) 应闭合、KM5 线圈应完好、FR2 (16-0) 应闭合、所有连接导线端子应紧固等，否则应维修或更换同型号元件、紧固连接导线端子。

② 若接触器 KM5 动作，则应依次检查维修 KM5 主触点、FR2 热元件、M3、YV。

5. 冷却泵电动机电路故障

(1) 故障描述　在 Z3040 型摇臂钻床进行钻孔加工的过程中，发现冷却泵电动机不能工作。

(2) 故障分析　该故障相对简单，只需检查 M4 的主电路即可。

(3) 故障检修　断开电动机进线端子，合上冷却泵开关 SA1，检查 SA1 出线端三相之间的线电压：

① 若指示值均为 380V，则故障在电动机，应检修或更换；

② 若指示值不是 380V，则故障在 SA1，应紧固连接导线端子、检修或更换 SA1。

# 第三节　安全用电

在电能的供应、分配和使用中，为了保证人身安全、防止触电事故发生，必须把安全用电放在首位。为了保证安全用电，必须采取一定的安全措施。

## 一、触电的类型

人体触及带电体或人体与带电体之间产生闪络放电，导致人身伤亡的现象，称为触电。

(1) 按是否接触带电体，分为直接触电和间接触电。

① 直接触电　人体不慎接触带电体或过分靠近高压设备；

② 间接触电　人体触及到因绝缘损坏而带电的设备外壳或与之相连接的金属构架。

(2) 按电流对人体的伤害，分为电击和电伤。

① 电击　电击是指电流对人体内部组织造成的损伤，表现在人体的肌肉痉挛、呼吸中枢麻痹、心室颤动、呼吸停止等；

② 电伤　电伤是指电流对人体外部造成的损伤，常见的形式有电灼伤、电烙印以及皮肤渗入熔化的金属等。

此外，还有按人体触电方式分类、按伤害程度分类等。

## 二、触电的原因

人体触电的情况比较复杂，其原因主要有以下几个方面：

(1) 违反安全操作规程。如未落实相应的技术措施和组织措施、误操作（带负荷分、合隔离开关等）、使用工具及操作方法不正确等等。

(2) 维护不及时。如架空线路断线、电气设备绝缘破损、接地装置的接地线接地电阻太大等。

（3）设备安装不符合要求。如不遵守国家电力规程有关规定、野蛮施工、偷工减料、采用假冒伪劣产品等。

（4）不小心。

**三、触电危险程度的相关因素**

人体一旦触电会产生一定的危险，危险程度与以下因素有关：

（1）电压　人体接触的电压愈高，通过人体的电流就愈大。国家标准《特低电压（ELV）限值》（GB/T 3805—2008）规定我国安全电压额定值的等级为：42V、36V、24V、12V 和 6V。场合不同，安全电压也不同，如：

42V 适用于Ⅲ类手持式电动工具；

36V 适用于一般场所的安全灯或手提灯；

24V 适用于矿井等导电粉尘较多场合的照明；

12V 适用于特别潮湿场所及在金属容器内使用的照明灯；

6V 适用于水下工作的照明灯。

（2）电阻　人体的电阻越小，通过人体的电流就愈大。而人体电阻不是一个固定值，其大小因人而异，通常，人体的电阻一般在 10～100kΩ 之间。

（3）电流　其大小取决于触电者接触到电压的高低和人体电阻的大小。

当人体通过 0.6mA 的电流时，会感觉麻刺痛；通过 20mA 的电流，会感觉剧痛和呼吸困难；通过 50mA 的电流就有生命危险；通过 100mA 以上的电流，就能引起心脏停搏、心房停止跳动，直至死亡。可见：通过人体的电流愈大，触电者就愈危险。

按通过人体的电流对人体的影响，将电流大致分为三种：

① 感觉电流　是指使人体有感觉的最小电流。

② 摆脱电流　是指人体触电后能自主地摆脱电源的最大电流，又称为安全电流。我国规定安全电流为工频 30mA，且通过时间不超过 1s，即 30mA · s。

③ 致命电流　是指危及生命的最小电流，致命电流为工频 50mA · s。

（4）频率　工频 50～60Hz 对人体是最危险的。

（5）电流作用时间　电流通过人体的时间愈长，对人体的机能破坏就愈大，获救的可能性也就愈小。

（6）电流通过人体的路径　电流流过人体心脏时最危险，如由左手到脚。

（7）触电者的体质状况　触电者的体质越差越危险，如心脏病患者。

**四、触电急救**

触电人员的现场急救，是抢救过程的一个关键。如果处理得及时和正确，就可能使因触电而假死的人获救；反之则可能带来不可弥补的后果。因此，电气工作人员必须熟悉和掌握触电急救技术。

触电急救的基本原则是在现场采取积极措施保护伤员生命，并根据具体情况，迅速联系医疗救治部门。

1. 使触电者迅速脱离电源

在保证自身安全的前提下，可采取以下措施：

（1）迅速断开电源开关，如拉开刀闸、拔掉插头等；

（2）使用带有绝缘柄的工具断开电源，如用带有绝缘柄的斧子、电工钳断开电源线；

（3）使用绝缘工具使触电者脱离电源，如使用干燥的木棍挑开触电者触及的电源线；

（4）戴绝缘手套、站在绝缘垫板上或抓住触电者的衣服拉开触电者，切记要避免碰到触电者的裸露身躯。

2. 触电者脱离电源后的处理

（1）触电者如果神志清醒，应使其就地平躺，严密观察，暂时不要使其站立或走动；

（2）触电者如果神志不清，应使其就地平躺，用5s时间轻拍其肩部并呼喊触电者，以判断其是否丧失意识，禁止摇动触电者头部。

3. 呼吸、心跳情况的判定

触电者如果意识丧失，应在10s内用看、停、试的方法判定触电者的呼吸、心跳情况。

（1）看：触电者的胸部、腹部有无起伏动作；

（2）听：贴近触电者的口、鼻处，听有无呼吸声音；

（3）试：试测触电者的口、鼻处有无呼气的气流、颈动脉有无搏动。

若看、听、试的结果既无呼吸又无颈动脉搏动，则可判定呼吸、心跳停止。

4. 心肺复苏

触电者的呼吸和心跳均停止时，应立即采取心肺复苏法，正确进行就地抢救。心肺复苏措施主要有以下三种：

（1）保持气道通畅　取出触电者口内异物，严禁垫高触电者的头部；

（2）人工呼吸　在保持气道通畅的同时，捏住触电者的鼻翼，在不漏气的情况下，向其口内连续大口吹气两次，每次1～1.5s。如果颈动脉仍无搏动，要立即进行胸外按压。

（3）胸外按压

① 确定正确的按压位置。用右手的食指和中指沿右侧肋弓下缘向上，找到肋骨和胸骨接合处的中点，然后两手指并齐，将中指按在切迹中点（剑突底部），食指平放在胸骨下部，另一只手掌根要紧挨食指上缘，置于胸骨上，此处即为正确的按压位置。

② 掌握正确的按压姿势。救护人员应两臂伸直、两手掌根相叠、手指翘起，利用自身重量，将触电者的胸部垂直压陷3～5cm并立即放松，此时手掌根不得离开触电者胸部。

③ 胸外按压应匀速进行。一般为80次/min；若胸外按压与人工呼吸同时进行，操作频率为：一人抢救时每按压15次、吹气2次（15∶2），两人抢救时每按压5次、吹气1次（5∶1）。

# 本书二维码信息库

| 编号 | 信息名称 | 信息简介 | 二维码 |
|---|---|---|---|
| M2-01 | 万用表的校零 | 万用表的校零方法 | |
| M2-02 | 剥线钳的使用 | 剥线钳的使用方法 | |
| M2-03 | 低压断路器 | 感性认识低压断路器 | |
| M2-04 | 熔断器的检测 | 熔断器的检测方法 | |
| M2-05 | 接触器的检测 | 感性认识接触器 | |
| M2-06 | 按钮 | 感性认识按钮 | |

续表

| 编号 | 信息名称 | 信息简介 | 二维码 |
|---|---|---|---|
| M2-07 | 三相异步电动机 | 感性认识电动机 | |
| M2-08 | 点动控制 | 了解点动控制工作过程 | |
| M2-09 | 热继电器的检测 | 感性认识热继电器 | |
| M2-10 | 长动控制 | 了解长动控制工作过程 | |
| M2-11 | 两地控制 | 了解两地控制工作过程 | |
| M2-12 | 顺序启动同时停止控制 | 了解顺序启动同时停止工作过程 | |
| M2-13 | 顺序启动逆序停止控制 | 了解顺序启动逆序停止工作过程 | |
| M2-14 | 电气互锁的正反转控制 | 了解具有电气互锁的正反转控制工作过程 | |
| M2-15 | 双重互锁的正反转控制 | 了解具有双重互锁的正反转控制工作过程 | |

续表

| 编号 | 信息名称 | 信息简介 | 二维码 |
| --- | --- | --- | --- |
| M2-16 | 刀开关 | 感性认识刀开关 | |
| M2-17 | 行程开关 | 感性认识行程开关 | |
| M2-18 | 具有限位保护的正反转控制 | 了解具有限位保护的正反转控制工作过程 | |
| M2-19 | 自动往复循环控制 | 了解具有限位保护的自动往复循环控制工作过程 | |
| M2-20 | 按钮切换的 Y-△降压启动控制 | 了解按钮切换的 Y-△降压启动控制工作过程 | |
| M2-21 | 时间继电器 | 感性认识时间继电器 | |
| M2-22 | 自动切换的 Y-△降压启动控制 | 了解自动切换的 Y-△降压启动控制工作过程 | |
| M2-23 | 双速电动机控制 | 了解双速电动机控制工作过程 | |

续表

| 编号 | 信息名称 | 信息简介 | 二维码 |
|---|---|---|---|
| M2-24 | 速度继电器 | 感性认识速度继电器 | |
| M2-25 | 反接制动控制 | 了解反接制动工作过程 | |
| M2-26 | 能耗制动 | 了解能耗制动工作过程 | |
| M3-01 | 车床 | 了解车床的工作过程 | |
| M3-02 | 铣床 | 了解铣床的工作过程 | |
| M3-03 | 钻床 | 了解钻床的工作过程 | |

# 参 考 文 献

[1] 李瑞福．工厂电气控制技术．北京：化学工业出版社，2010.

[2] 王秀丽，李瑞福．电机控制及维修．北京：化学工业出版社，2012.